LA TROISIESME PARTIE DE L'OEVVRE MINERALE,

OV COMMENTAIRE

sur le Liure de Paracelse, appellé le Ciel des Philosophes, ou le Liure des Vexations, dans lequel sont enseignées les transmutations des Metaux; Auec vn Appendix touchant la fonte, la separation, & les autres operations necessaires.

PAR IEAN RVDOLPHE GLAVBER.

*Et mise en François par le S*r DV TEIL.

A PARIS,
Chez THOMAS IOLLY, Libraire Iuré, ruë S. Iacques, au coin de la ruë de la Parcheminerie, aux Armes d'Hollande.

M. DC. LIX.
AVEC PRIVILEGE DV ROY.

PREFACE AV LECTEVR.

AMY lecteur, i'ay voulu vous donner aduis du dessein que i'ay eu d'entreprendre dans cette troisiesme Partie, l'explication du Liure de Paracelse, appellé le Ciel des Philosophes, afin que vous ne crûssiez pas que faute de matiere d'écrire, ie fusse reduit à la necessité de grossir mō Liure des ouurages d'autruy. Ce que i'ay enuie de traiter icy, ie l'aurois pû faire sans y mesler les Liures de Paracelse, mais ie l'ay fait par la consideration que i'ay euë des beaux Liures que Paracelse a mis en lumiere le siecle precedent pour l'vtilité publique : ie n'ay pû supporter la médisance des ignorans qui les ont condamnez, parce qu'ils ne les ont pas entendus, quoy que i'aye esté assez heureux pour y découurir la verité, & pour connoistre que fort peu de gens l'ont égalé dans la veritable Philosophie, Medecine, & Alchymie. La chose en est deuenuë à ce point, qu'il y a d'excellens Medecins, qui n'oseroient se declarer en sa faueur, de peur de choquer ses ennemis. Mais ie ne doute point que les gens de bien ne prenent plaisir à voir renouuelſer le flambeau qu'il nous auoit allumé. C'eſt pourquoy i'ay entrepris l'explicacation de ce petit traiĉté, auquel on donne le nom de Ciel des Philoſophes, ſans autre deſſein que de monſtrer la verité cachée dans ſon obſcurité, afin que ſes aduerſaires ſoient contraints d'aduouër qu'il a eſté & ſera touſiours leur maiſtre. Et par ce moyen i'eſpere que pluſieurs chanteront la Palimodie, & feront triompher la verité qui auoit eſté longtemps opprimée.

Pourquoy ſouffrirons-nous que l'on face tort à la reputation d'vn homme extremément loüable, qui n'a écrit que pour la gloire de Dieu, & pour l'vtilité de ſon prochain? Ce n'eſtoit point vn homme qui cherchaſt le gain dans le dommage des autres, & qui voulut s'enrichir par l'exercice de la Medecine, comme diſent les calomniateurs. Tout ce qu'il a fait, il l'a fait à bonne intention ſans en receuoir de ſalaire, dont il n'auoit pas beſoin, eſtant ſatisfait de ſes lumieres & de ſes connoiſſances. Il a ſur tout fait beaucoup de bien aux pauures, dont nous auons beaucoup de témoignages; entre autres ſon Epitaphe qui eſt à Saliſbourg dans l'Hoſpital de ſainĉt Sebaſtien, où il a eſté enterré, & auquel il laiſſa tous ſes biens. Il eſt écrit en lettres capitales ſur du marbre, que i'ay leu en ces termes. *Cy giſt Philippes Aureole Paracelſe, excellent Docteur en Medecine, lequel par vn art merueilleux, a guery ces horribles maladies, la lepre, la goutte, l'hydropiſie, & autres que l'on iugeoit incurables, & a donné ſes biens pour eſtre diſtribuez aux pauures. Il mourut l'an de Noſtre Seigneur 1541. le 24. iour de Septembre.*

Que peut-on dire à cela? s'il n'eut pas eu les qualitez qu'on luy donne dans ſon Epitaphe, les Magiſtrats ne l'euſſent pas honoré d'vn ſi glorieux Eloge: tous les amateurs de la verité croyent auiourd'huy que iamais perſonne ne l'a égalé. Le mépris & l'enuie de certains ignorans ne luy oſte rien de ſon merite, il ſera toûjours Paracelſe, & ils ne ſeront que des calomniateurs; ils ne feront que monſtrer leur impudence ſelon le vieux prouerbe: *L'art n'a point d'autres ennemis que les ignorans.* Moy qui n'ay écrit que fort peu, ie ne laiſſe pas d'eſtre expoſé à la médiſance des enuieux, comment en pouuoit-il eſtre exempt, luy qui a ſi courageuſement combatu l'erreur & le menſonge? C'eſt la couſtume de ce monde corrompu, que Noſtre Seigneur meſme a éprouuée, lors qu'il reprenoit les Phariſiens, qui le pourſuiuirent par les mouuemens, d'vne haine irreconciliable iusques à la mort. Celuy qui veut plaire au monde, doit croire que ce qui est courbé est droit, & approuuer toutes choses; autrement on le chasse & on le méprise. Comme i'ay veu donc que nostre bon Paracelse estoit si mal traicté, sans que personne ozast fermer la bouche aux détracteurs, i'ay entrepris de faire voir que loin d'estre imposteur, il a esté fort veritable & fort éclairé dans les secrets de la nature. Ie ne pretens pas prouuer qu'il ait pû faire des monceaux d'or & d'argent, dont il ne parle point du tout; il en monstre seulement la possibilité, ce que ie tascheray aussi de faire; quoy que ie n'aye point la connoissance du grand œuure, & que ie ne m'en mette pas beaucoup en peine, me contentant de discerner le vray d'auec le faux, & de conuaincre les opiniastres; esperant aussi que nostre Allemagne qui est miserablement ruïnée, en pourra receuoir beaucoup d'vtilité, par l'industrie de ceux qui chercheront dans mes écrits les moyens de paruenir à la fin qu'ils souhaitent. Ie prie Dieu qu'il daigne par sa clemence, fauoriser mon trauail pour sa gloire, & pour le bien public.

LE CIEL DES PHILOSOPHES, OV LE LIVRE DES VEXATIONS de Philippes Theophraste Paracelse.

L'art & la nature de l'Alchymie, & ce qu'il en faut croire; compris en sept regles infaillibles, qui regardent les sept Metaux.

Preface de Theophraste Paracelse, à tous les Alchymistes & lecteurs du present Liure.

MIS qui faites profession de l'Alchymie; & vous tous qui auez enuie de vous enrichir, en faisant quantité d'or & d'argent, selon les preceptes, & les promesses qu'elle en donne, vous qui auez enuie de vous tourmenter par vn trauail si laborieux; l'experience nous enseigne qu'entre mille il n'en reüssit pas vn; mais il ne dit pas que ce soit la faute de l'art ny de la nature, c'est plustost l'ignorance de l'artisan. C'est pourquoy ie ne rempliray point ce Li-

ure d'vne doctrine difficile & embarassante, comme font ordinairement les Chymistes. Prenez antimoine, & le fondez auec nitre, & tartre: demy once de celuy cy, demy once d'or, trois dragmes d'estain, vne dragme de schlic, deux onces de soulfre, deux onces de vitriol, qu'ils soient fondus auec de l'argent, & auec de l'arsenic dans vn creuset.

Et dautant que les caracteres des signes des astres & des planetes, le changement & le renuersement de leurs noms, auec les instrumens où la matiere doit estre contenuë, sont connus de tout le monde, il n'est pas besoin d'en parler derechef, quoy que ie m'en serue quand l'occasion s'en presente.

Icy la methode est differente, & la chymie est enseignée par sept regles infaillibles, accommodées à la nature des metaux; le langage en est simple, sans politesse & sans ornement, mais le sens en est profond & misterieux; auec beaucoup de nouuelles speculations qui produisent des operations admirables, lesquelles combatent l'opinion commune des Philosophes.

Or il n'y a rien de plus certain dans la chymie, que ce qu'on y découure & que l'on y croit le moins: & c'est la seule faute de toutes les operations chymiques, qui est cause de la perte des ignorans qui trauaillent inutilement. Soit qu'il y ait trop de matiere, ou qu'il n'y en ait pas assez; soit que le poids soit égal, dont la chose se gaste & se corrompt dans l'operation; soit qu'ayant rencontré la chose, elle se rehausse & tende à la perfection. La voye est tres-facile, mais peu de gens la trouuent. Il arriue aussi qu'vn homme industrieux inuente vn art & vne maniere chymique, soit qu'il fasse quelque chose, ou qu'il ne fasse rien. Il n'en doit rien faire pour reduire quelque chose à rien, & qu'en suite quelque chose soit engendrée de rien, cela est incroyable, mais toutesfois c'est la verité.

La corruption produit le bien parfait: Le bien ne peut pas paroistre deuant celuy qui le cache: le bien qui est caché, est vn bien qui est commencé. Il faut perdre & oster celuy qui le cache, & le bien estant deliuré paroistra dans son lustre, & sera mis en éuidence la glose: celuy qui cache, est la montagne, le sable, la terre, la pierre où le metal a pris naissance; or chaque metal visible, cache les autres six metaux.

Comme les choses imparfaites, telles que sont les cinq metaux, Mars, Iupiter, Mercure, Venus, & Saturne, sont corrompuës, brulées, & détruites par le feu elementaire; les parfaites qui sont les deux metaux les plus nobles, le Soleil & la Lune, ne le peuuent pas estre; c'est pourquoy ils se conseruent dans le feu, ils prenent leurs corps des autres metaux imparfaits, dans lesquels on les a détruits, se rendant visibles & manifestes. Nous enseignerons dans les sept regles comment & par quels moyens cela se peut faire, de quelle nature & de quelle proprieté est chaque metal, quel est son meslange auec les autres dans l'operation, & quelle est sa puissance.

Il faut aussi remarquer qu'vn estourdy ne comprendra pas d'abord les sept regles que nous proposons; vn entendement foible n'est pas capable des choses hautes & difficiles; c'est pourquoy chaque regle a besoin de beaucoup de trauail, & de recherche. Il y a certains orgueilleux qui s'imaginent sçauoir des choses beaucoup plus importantes, & qui méprisent ma doctrine.

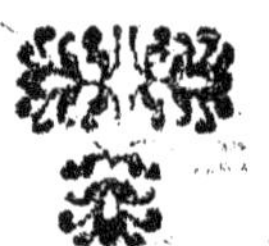

LA TROISIESME PARTIE DE L'OEVVRE MINERALE.

CETTE Preface est assez claire d'elle-mesme, & partant elle n'a besoing d'aucune explication particuliere: mais la preparation dont il a parlé est obscure, c'est pourquoy elle à besoin de lumiere. Prenez antimoine, qu'il soit fondu auec nitre & tartre, vn loton de celuy-cy, vn loton d'or, trois dragmes d'estain, vne dragme de schlic, deux lotons de soulfre, deux lotons de vitriol, qu'ils soient fondus auec argent & arsenic. Voila la maniere de faire l'or & l'argent, que Paracelse enseigne, differente de celle des autres, qui ne se peut executer qu'auec beaucoup de trauail; mais il asseure que par la sienne l'or & l'argent, se peuuent faire facilement à peu de frais, & sans employer beaucoup de temps. Il n'y a point de doute qu'il a trompé l'esperance d'vne infinité de gens; mais c'estoit auec raison, d'autant qu'ils s'imaginoient que ce fussent des chimeres. D'où i'en ay oüy plaindre vn grand nombre, qui ne pouuoient pas comprendre que l'or & l'argent se fissent auec des choses volatiles & détruisantes, telles que sont l'antimoine, le soulfre, le vitriol, & l'arsenic; lesquels bien loin de produire de l'or & de l'argent, les corrompent, les reduisent en fumée, ou du moins en scories. Moy-mesme en faisant cette experience, i'ay veu que ces especes metaliques, comme le schlic, le vitriol, le soulfre, l'arsenic, auoient corrompu le Soleil & la Lune, les auoient dépoüillez de leur forme metalique, & chargez en scories: mais c'est ce que Paracelse auoit desiré, & cela ne nous doit point estonner; veu que pour s'expliquer il adiouste vn peu apres. Quelque chose doit deuenir rien; & en suite rien deuenir quelque chose: ce qui est au dessus de la capacité d'vn ignorant, que les metaux estant corrompus & reduits en scories sont perfectionnez par le trauail. Quoy que cela soit tres-veritable, peu de gens le croyent, comme il dit, en expliquant toute cette operation iusques au mercure, en ces termes: la corruption rend le bien parfait: Le bien ne peut pas paroistre à cause de celuy qui le cache: il faut oster celuy qui le cache afin que le bien soit manifesté. La montagne, le sable, la pierre, ou la terre dans lesquels les metaux ont esté engendrez, sont ceux qui les cachent, & qu'il faut separer par la fonte, afin que les metaux soient purs. Le Chymiste s'arreste icy tout court, ne comprenant pas ces paroles: Mais Paracelse continuë, & adiouste que chaque metal cache les autres; ce qui est amplement enseigné dans les 7. regles. Il aduertit aussi le Chymiste qu'il ne doit pas ſe contenter des metaux que l'on expoſe en vente, apres qu'on les a oſtez de la mine, mais qu'il faut conſulter la philoſophie naturelle, & voir s'ils ſont aſſez épurez, & s'ils ne tiennent pas encore quelque choſe de celuy qui les cache & qui les rend imparfaits. Tout le monde ſçait quelle difference il y a entre vne mine rude & groſſiere, contenant le metal fort diſperſé, enuironné de pierre & d'immondice, & le metal qui eſt traictable & épuré. Elle eſt pareille, ou meſme plus grande entre le metal commun imparfait, & l'or & l'argent, leſquels ſont enfermez dans ſon ſein.

Quoy que la façon d'extraire les metaux des mines ſoit à preſent ſi baſſe & ſi mépriſée par le long vſage, qu'elle ne paſſe plus pour vn art, mais pour vn meſtier qui s'exerce en tous lieux; toutefois au commencement, auant qu'elle fut ſi connuë, elle paſſoit pour vn art merueilleux, & meſme encore on en doit faire beaucoup d'eſtat, quoy qu'elle ſoit deuenuë commune. Or il ne faut pas douter que ce qui cache les metaux, & qui leur eſt adherant, ne ſe puiſſe oſter auec la meſme facilité, & que le centre intime pur & fixe, l'or & l'argent, n'en puiſſent eſtre extraits & ſeparez. Mais dautant que les hommes ne portent pas leurs ſoins & leurs recherches plus auant, & que l'vſage des metaux communs eſt tout-à-fait neceſſaire, nous nous contentons, qu'eſtant vne fois extraits de la mine rude & groſſiere, ils ſoient malléables & propres à nos vſages, & cela non ſans raiſon, veu que la vie humaine ſe peut bien moins paſſer du fer, de l'eſtain, du cuiure, du plomb, que de l'or & de l'argent. Toutefois les hommes ſages & bien aduiſez, trouueront à propos d'extraire & de ſeparer ce qui eſt de meilleur dans ces metaux ſi communs, & ſi mépriſez. Ce qui eſt de plus caché c'eſt l'or, qu'il en faut tirer, par le moyen de l'art & du feu, c'eſt à quoy Paraceſſe nous a mené par la main, ce qui a eſté mépriſé iuſqu'à preſent, & dont les ignorans ſe mocquent comme d'vne fable. Il faut attribuër cela au temps qui change, corrompt, & perfectionne toutes choſes; & nous deuons eſperer que doreſnauant on ſera plus ſoigneux de l'anatomie metalique, qu'on n'a eſté iuſqu'à preſent.

C'eſt la doctrine de Paracelſe, que les metaux imparfaits ſont corrompus & reduits en rien par la force du feu, laquelle ils ne peuuent ſupporter; & que l'or & l'argent qu'ils contiennent, ne peuuent eſtre détruits, mais par la force du feu ils ſe retirent des metaux imparfaits, pour s'vnir & defendre mutuellement, la portion impure eſtant bruſlée; ce que nous trouuons eſtre conforme à la nature, & à la verité; car dans toutes les choſes heterogenes qui viennent à eſtre meſlées & à ſouffrir quelque violence, le ſemblable s'vnit à ſon ſemblable, & taſche à ſe conſeruer de toute ſa force, negligeant les choſes qui ne ſont pas de ſa nature, & les laiſſant en proye aux ennemis. Ie pourrois confirmer cette verité par beaucoup d'exemples, non ſeulement des animaux, mais encore des vegetaux, & des mineraux, que ie paſſe ſous ſilence pour eſtre plus court. Ce qui eſt de plus neceſſaire, c'eſt de ſçauoir quel eſt l'amy ou l'ennemy d'vn chacun: car aux vns eſt contraire le grand chaud, aux autres le grand froid: On le voit par experience dans la rigueur de l'Hyuer, ſi on expoſe vn vaiſſeau plein de ceruoiſe ou de quelqure autre ligueur ignée & ſubtile, laquelle ne pouuant pas reſiſter à la vehemence du froid, eſt neceſſairement corrompuë: En ce rencontre, comme la nature taſche autant qu'il luy eſt poſſible de ſe defendre de ſon ennemy, elle concentre ſes parties les plus pures, & les plus puiſſantes, & abandonne le reſte à ſon ennemy qui le conuertit en glace. La meſme choſe ſe remarque éuidemment dans les autres liqueurs qui ont diuerſes parties, lors qu'elles viennent à ſentir le froid; car la plus noble ſe ſepare de la plus vile, & ſe ſauue promptement dans le milieu du fort: par exemple ſi on diſſout du ſel ou de l'huile dans l'eau, ceux-cy comme eſtant les plus nobles, ils ſe retireront dans le milieu, & laiſſeront l'eau qui ſera priſe par le froid. Quoy qu'vne Ville ſoit aſſiegée par vn puiſſant ennemy, qu'elle ne peut pas chaſſer; elle ne le reçoit pas toutefois d'abord, & ne luy ouure pas ſes portes, afin qu'il s'en rende le maiſtre, & qu'il en diſpoſe à ſa volonté; au contraire elle reſiſte autant qu'il luy eſt poſſible. Perſonne ne veut eſtre tué le premier, principalement les grands qui ont le maniment des affaires, ils taſchent bien de conſeruer le peuple, ils ne voudroient pas en perdre vn ſeul homme; mais quand ils ne peuuent pas l'éuiter, ils l'expoſent pluſtoſt aux coups, que leurs propres perſonnes, ils ſe retirent dans la partie de la Ville la plus forte pour y trouuer leur conseruation, iusqu'à tant que le peuple estant vaincu, ils sont contraints de se rendre eux-mesmes. Il en est tout ainsi des metaux imparfaits, exposez à la violence du feu, la nature ayant dessein d'en faire la separation; l'or & l'argent qui en sont les parties les plus precieuses se mettent à part, se retirent ensemble; & abandonnent le reste à l'action du feu, qui le corrompt & qui le détruit. Comme les metaux sont plus puissans de leur nature que les animaux & que les plantes; ils sont aussi separez par vn plus puissant ennemy, qui est le feu; non toutefois seul, mais auec vn adjoint, par lequel leur substance est corrompuë, par la dissolution du lien qui les vnissoit: ce qui se fait par le moyen des sels mineraux, à raison de la grande affinité qu'ils ont auec eux. Car les metaux ou seuls, ou ioints auec d'autres, ne sont iamais changez par l'action du feu, quelque longue qu'elle puisse estre, si leur construction radicale n'est plustost dissoute par la force des sels mineraux. Dont nous traicterons en suite plus amplement.

Afin d'entendre les especes & les ingrediens de cette operation, il faut parler de la recepte qui est écrite en cét endroit. Prenez antimoine, faites-le fondre auec nitre & tartre. Prenez vn loton de celuy-cy. Notez qu'il ne faut pas prendre vn loton de la masse entiere fonduë, mets ou de la superieure auec les scories, ou du regule inferieur qui est descendu en bas dans le meslange. Mais on ne peut sçauoir, laquelle c'est de ces deux là, par le sens des paroles. Toutefois puis-

que

que c'est icy l'intention de Paracelse, de détruire l'or & l'argent par le meslange de ces especes, & apres les auoir reduits à rien, leur faire trouuer de l'augmentation dans ce rien, par l'addition de quelque chose; il y a plus d'apparence qu'il a parlé du regule que des scories, lequel regule s'insinuant dans l'estain, dans l'arsenic, & dans le schlic, les vnit auec l'or & l'argent. Car c'est le propre du regule de l'antimoine de ioindre ensemble les metaux, & les mineraux. L'estain estant meslé auec les metaux malleables, & souffrant le feu auec eux, les reduit en scories, comme fait aussi le soulfre, le vitriol, le schlic, lesquels Paracelse n'employe que pour corrompre le Soleil & la Lune, & les reduire en scories. Or il n'est pas facile de deuiner de quelle sorte de schlic il entend parler, pource qu'il n'a point adiousté le nom d'or, d'argent, de fer, de cuiure, de plomb, ou d'estain: Car les Chimistes & les Metalliques, donnent le nom de schlic, lors qu'apres auoir laué auec de l'eau vne mine bien broyée, & s'estant formé vn monceau ou vne pierre; la partie la plus pesante & la plus noble demeure au fond du vaisseau, par l'examen de laquelle ils iugent de la valeur du metal ou de la mine. Ils appellent ce trauail schlic, & dautant que tous les metaux peuuent estre reduits en schlic, c'est à dire calcinez, le nom de schlic ou chaux, peut conuenir à toute sorte de metaux. On appelle aussi chaux ou schlic, cette poudre deliée qui s'amasse sous les meules à polir les ferremens, les espées, les cuirasses & autres armes, dans de profondes lacunes ou receptacles de bois destiné à cét vsage, & qu'on a accoustumé de vendre pour la teinture des draps noirs. Or nous ne sçauons si c'est de cette sorte de chaux ou de celle des metaux qu'il veut parler, & mesme il n'est pas fort important, veu que le Soleil & la Lune n'ont besoin d'aucune chaux pour estre reduits en rien, & pour deuenir quelque chose de ce rien, comme nous verrons aux chapitres suiuans de la transmutation des Metaux.

Ceux-là ont esté trompez qui s'imaginoient que toutes ces especes meslées ensemble seroient entierement changées en or & en argent, n'en ayant rien tiré qu'vne iaune scorie, dont l'éclat estoit triste & affligeant. Au contraire l'éclat est heureux & rejoüissant, lors que le metal qui a esté corrompu & reduit en rien & en scorie, deuient en suite plus noble & plus excellent. Cette destruction & reduction n'est pas vniforme, mais elle se fait en diuerses manieres, comme nous verrons en suite.

PREMIERE REGLE.

De la nature & des proprietez du Mercure.

TOutes choses sont cachées dans toutes choses, mais entre toutes il y en a vne qui cache les autres, c'est vn vaisseau corporel externe, visible, mobile. Toutes les fleurs sont manifestées dans ce vaisseau, parce que c'est vn esprit corporel, à raison dequoy toutes les coagulations & consistances y sont captiues & renfermées, surmontées, enuironnées & resserrées par la fleur : on ne ſçauroit trouuer de nom propre à cette fleur, ny à ſa cauſe ; d'autant qu'il n'y a point de chaud qui luy puiſſe eſtre comparé, que celuy des Enfers: cette fleur n'a aucune communication & aucune affinité auec les autres fleurs, qui ſont cauſées par la chaleur du feu élementaire, qui ſe congelent, & ſe durciſſent par le froid. Le mercure eſt au deſſus de tout cela, il a plus de puiſſance. Sur quoy il faut remarquer que les vertus mortelles des quatre élemens n'ont aucune force contre les vertus celeſtes, que nous appellons quinte-eſſence, dautant que les élemens ne peuuent rien donner, ny oſter à cette quinte-eſſence. La force celeſte & infernale n'eſt pas obeïſſante aux quatre élemens : Remarque donc qu'aucun élement ny aucune choſe élementaire, ſoit ſeiche ou humide, chaude ou froide, ne peut agir ſur la quinte-eſſence, mais chacune a ſon operation & force ſeparée en ſon particulier.

Dans cette premiere regle de mercure, Paracelſe dit en peu de paroles, mais fort clairement, que la fluidité de mercure ne prouient pas des quatre élemens qui ſont corruptibles, mais de la quinte-eſſence, & que par conſequent elle n'a aucune affinité auec ces flueurs élementaires. Or il faudroit vn long diſcours pour expliquer quelle eſt cette quinte-eſſence dont Paracelſe fait mention en cét endroit, ce qui n'eſt pas à preſent de mon ſuiet. Les autres Philoſophes en ont amplement traicté, & moy-meſme auſſi ; à quoy ie me rapporte, i'adiouſte ſeulement cecy. Paracelſe veut que la quinte-eſſence ſoit vne chose non suiette aux quatre élemens, mais permanente, & incorruptible: Par là il nous veut donner à entendre, que la fluidité de mercure ne tirant point son origine des quatre élemens, mais de la quinte-essence; sa coagulation pareillement se fait par la quinte-essence, & non par les feux élementaires chauds, ou froids. Or il est aisé à conjecturer qu'en cette quinte-essence qui coagule le mercure & le conuertit en or, & argent, ne se trouue pas dans les vegetaux, ny dans les animaux; mais qu'il la faut tirer des metaux, & qu'elle doit estre beaucoup plus pure, plus fixe, & plus fusible, qu'iceux. Paracelse a écrit beaucoup de choses, attribuant des vertus admirables à cette quinte-essence: d'autres Philosophes asseurent que c'est vne chose reduite par le moyen de l'art en vne tres-pure & parfaite substance. Il y en a qui donnent vn nom de quinte-essence à la teinture dont on a accoustumé de faire les proiections.

Ce qui nous fait clairement connoistre, que par le nom de quinte-essence est entenduë la plus pure, la meilleure, & la plus puissante partie de la chose. Quoy qu'il en soit, il est certain que le mercure est vn suiet admirable, & qu'il n'est pas si aisé à fixer comme beaucoup l'ont imaginé, lesquels ont éprouué tout le contraire à leur grand dommage. On employe inutilement beaucoup de charbon à ce dessein: i'ay mesme souuent trauaillé auec peu de satisfaction; mais quoy que ie ne sois pas paruenu à vne fixation permanente, i'ay pourtant fait des remarques merueilleuses, dont ie m'en vay vous raconter quelque chose. Il est doüé d'vne force extraordinaire, qui est fort amie des metaux, il s'vnit aisément auec les purs, & tres-malaisément auec les impurs ; ce qui témoigne qu'il est d'vne nature tres-pure. Que si on venoit à le fixer, ie monstrerois si ie voulois par des raisons indubitables, qu'il s'en feroit vne chose plus excellente que l'or : il n'est iamais sans profit, toutes les fois qu'estant adiousté aux autres metaux il est contraint de souffrir le feu. Puis qu'il les perfectionne manifestemẽt tout volatil qu'il est, que ne feroit-il pas s'il estoit fixé, & s'il demeuroit long-temps à se fondre auec eux dans le feu? Pour donner plus de lumiere, i'adiouste ce qui s'ensuit.

Ayant pris garde dans ma ieunesse que beaucoup de gens taschoient de fixer le mercure, & de le changer en or & argent par amalgamation, sublimation, coagulation, precipitation, & autres semblables operations, i'entrepris aussi de la faire sous la conduite de Paracelse, qui asseure que sa coagulation se trouue dans le Saturne. Ie fondois donc dans vn creuset 6. ou 7. parties de plomb, y adioustant vne partie de mercure, ce qu'estant fait ie le iettay dans vn autre creuset où il y auoit du nitre fondu, afin qu'il fut couuert par le nitre ; en suite ie pris vn creuset encore plus grand, où ie fondis du verre de saturne, fait de 4. parties de minium, & d'vne partie de caillous, & y mis les autres deux tous chauds, afin qu'ils fussent couuerts par le verre: ie mis tous les trois dans vn nouueau creuset, m'imaginant que cét hoste volage seroit bien gardé par le verre de saturne. Ayant donc enfermé le mercure de tant de murailles, ie le mis dans le feu pour le reduire à la fixation. Il le souffrit veritablement, n'estant pas capable de s'échapper, mais ayant augmenté le feu, & le verre coulant auec le nitre, il s'échappa, ayant laissé la place vuide, & le poids de saturne tout entier. Dans l'examen que i'en fis par apres, i'y trouuay vn grain d'argent plus pesant que l'argent commun, ce que ie pris pour du mercure fixé; mais ayant reïteré mon trauail, ie reconnus que cela n'estoit pas, & que le mercure s'en estoit enuolé, mais que par vne vertu secrette il auoit perfectionné le saturne, & luy auoit fait donner de l'argent. Toute la masse de saturne deuint noire & dure comme de l'estain. C'est de là que ie connus bien que le mercure qui est vn pur esprit ignée, ne pouuoit pas estre fixé sans la quinte-essence. Tout ce qu'il fait, lors qu'estant ioint aux autres metaux, il est retenu assez longtemps pour souffrir le feu, encore qu'il s'euanoüisse bien-tost apres; c'est qu'il les change en quelque façon, non pas en les perfectionnant, mais en les excitant par sa penetration à agir les vns contre les autres, & à receuoir la force de se perfectiōner, ce qui ne se fait pas auec beaucoup de gain; i'ay seulement voulu monstrer ce qu'il pouuoit faire, & combien sa puissance estoit merueilleuse, & difficile à découurir. C'est auec raison qu'on l'estime vn miracle de la nature, il n'est autre chose qu'vn feu inuisible, quoy que les ignorans croyent qu'il soit froid, on le peut rendre par l'art beaucoup plus chaud, & beaucoup plus volatil, ce que i'ay experimenté quelquefois, lors que l'ayant souuent ietté dans vn feu vehement, & l'ayant mis dans du verre, s'éleuant par sa force naturelle sans aucun feu, il s'en est retourné dans son cahos. En vn mot plusieurs ont fait des operations merueilleuses auec le mercure, mais tout cela sans fruict, dont nous parlerons plus amplement quand il sera à propos.

SECONDE REGLE.

De Iupiter & de Saturne.

IL n'y a point de chose manifeste, telle qu'est par exemple le corps de Iupiter, dans laquelle les autres six metaux corporels ne soient spirituellement cachez, l'vn plus auant & plus profondement que l'autre. Iupiter ne participe point à la quinte-essence, mais à la nature des quatre élemens, c'est pourquoy sa fluidité se fait voir auec peu de feu, & sa coagulation se fait par vn froid modique, il a communication auec les autres fleurs metaliques.

C'est pourquoy chaque chose s'vnit dautant plus facilement auec vne autre, qu'elle luy ressemble le plus, pourueu qu'elles se touchent reciproquement : l'action estant beaucoup plus efficace & sensible entre les choses proches; daütant que ce qui est éloigné ne fait pas si forte impression; Ainsi le Ciel n'est pas desiré, parce qu'il est fort éloigné; & l'Enfer n'est pas craint, parce qu'il est aussi fort éloigné, & que personne n'en a iamais veu la forme, ny senty les tourmens; ce qui est cause qu'il passe pour vne fable dans l'esprit des impies. Les choses absentes ne sont pas estimées & sont mesme tout-à-fait méprisées, sur tout quand elles sont dans vn lieu épais & grossier: car il est certain que chaque chose deuient meilleure ou pire par la proprieté du lieu, dont on pourroit donner quantité d'exemples.

Plus donc Iupiter est éloigné de Mars & de Venus, & proche du Soleil, & de la Lune, & plus il contient d'or & d'argent en son corps; plus est-il grand, puissant, reluisant, beau, agreable, palpable, veritable & certain de prés que de loin.

Enfin les choses absentes & éloignées sont plus viles que les prochaines & que les presentes, & celles-cy sont tousiours plus remarquables. C'est pourquoy, ô Alchymiste, tu doy prendre garde de quelle façon tu mettras Iupiter en vn lieu spirituel, secret, & retiré, dans lequel le Soleil & la Lune fassent leur residence, & aussi en quelle façon tu prendras le Soleil & la Lune de loin, & les mettras en vn lieu prochain dans lequel Iupiter ait esté corporellement, de sorte que le Soleil & la Lune y soi[illegible] corporellement & visiblement dans l'examen. Il y a diuerses façons de transmuër les metaux, & de les faire passer de l'imperfection à la perfection.

Le meslange des choses & la separation du pur & de l'impur, est iustement vne transmutation faite par le veritable trauail de l'alchymie. Il est à remarquer que Iupiter a beaucoup d'or & d'argent pur. Adiouftez luy du Saturne & de la Lune, & la Lune en receura de l'augmentation.

Quoy que nous ne ſçachions pas bien la veritable cauſe qui a obligé Paracelſe de commencer par le mercure, & de paſſer en ſuite à Iupiter, il y a toutefois de l'apparence que ç'a eſté par myſtere, & pour nous ſignifier quelque choſe. Il repete en cét endroit la ſentence precedente, en ces termes : Que chaque metal viſible cache en ſoy les autres inuiſibles, & que ſi nous deſirons en faire quelque choſe de bon, il faut prendre leur or inuiſible & ſpirituel, l'approcher & le rendre viſible, & au contraire éloigner le viſible, & le rendre inuiſible.

Or il n'enſeigne pas en quelle façon il renuoye le lecteur aux ſept regles, qui ſont tres-difficiles, ie ne dis pas ſeulement pour les nouices, mais pour ceux qui ſont les plus experimentez : & comme il n'y en a pas de mille vn qui les entende, il ne faut pas s'eſtonner ſi le peuple ne fait point d'eſtat de ſes écrits : ſans doute ſa volonté eſtoit bonne, il s'eſt imaginé qu'il auoit écrit bien clairement, & qu'il auoit affaire à des gens verſez dans la connoiſſance des metaux, ſans auoir égard à la rudeſſe & à l'ignorance du peuple.

Que faut-il donc faire en cette rencontre? quand on écriroit auec beaucoup de clarté, on auroit touſiours des plaintes & des reproches des ignorãs & des orgueilleux : d'où vient qu'il y en a pluſieurs qui aimẽt mieux garder le ſilence, laiſſant le bruit & le caquet aux inſenſez. Il ne faut pas toutefois punir l'innocent auec le criminel.

Celuy donc à qui Dieu a fait la grace de quelque talent, il ne doit pas l'enfouir à l'occasion des méchans, mais il doit communiquer les lumieres aux bons & aux méchans comme fait le Soleil, & attendre sa recompense de Dieu qui rendra à chacun selon ses œuures.

Si l'on considerer la nature, & la proprieté de l'estain, on trouuera qu'entre les autres metaux imparfaits, celuy-cy est pur, sans maturité, plein de beaucoup de soulfre combustible, duquel il tient sa fusibilité dans le feu, & sa corruptibilité, laquelle estant ostée par vn feu mediocre, il perd sa fluidité metalique, & deuient tres semblable à vne cendre qui ne peut pas se fondre: que si vous adioustez d'autre soulfre à cette cendre, afin de la faire reuenir en metal, & que derechef vous le reduisiez en cendre, en retirant ce trauail, iusqu'à ce que tout le soulfre combustible estant bruslé, il refuse de s'en aller en cendre; il se fond, & dans l'examen il donne facilement son or, & son argent. Le mesme soulfre combustible est cause qu'estant meslé auec l'or, l'argent, le cuiure, le fer, & fondu auec eux, il les rend fragiles comme du verre: mais estant dépoüillé de ce soulfre par la calcination ou par quelqu'autre maniere, il ne les rend plus fragiles, mais ce qui est estrange, il se fond auec eux, & tres-facilement auec Venus, laquelle par de douces & trompeuses paroles sçait accorder les deux vieillards Saturne & Iupiter, & faire en sorte qu'ils se souffrent reciproquement dans le feu. L'or & l'argent en feroient bien autant: mais comme ce sont deux metaux precieux, qui coulent aisément hors du creuset, & que l'ouurage se peut perdre, il est plus à propos de les conseruer apres qu'ils ont esté nettoyez auec beaucoup de trauail, que les hazarder en les meslant auec des choses impures; il ne faut qu'employer le cuiure, qui exhibera son or, & son argent, lesquels il tenoit cachez en soy-mesme.

Il y a encore d'autres moyens de purger l'estain de son soulfre superflu, à sçauoir le feu nitreux. Si vous faites brusler ensemble de l'estain limé, du nitre, du soulfre & de la sciure de bois, vne partie de l'estain s'éleue en fleurs, & l'autre demeure, laquelle à force de feu il faut reduire en fleurs & en cendres, tant que la nature metalique soit entierement détruite. On ramasse ces fleurs & on lessiue les cendres, puis par le moyen d'vne bonne & conuenable fleur, on les reduit en metal, lequel il faut derechef limer, & sublimer, & brusler comme auparauant; iusqu'à ce que tout l'estain demeure en forme de scories, non sublimable, qu'il faut fondre & separer auec le plomb; & tu trouueras l'or & l'argent qui estoient renfermez dans ses entrailles.

Autrement prenez de la limaille d'estain, auec du nitre fixe, & le digerez en son temps, reparez le defaut de l'humeur qui s'exhale, en y adioustant vne nouuelle liqueur, en telle sorte qu'il soit tousiours humide, & non pas trop liquide, mais qu'il soit comme de l'eau épaisse: cette liqueur consume le soulfre combustible de l'estain, fixe l'imbustible, & le rend patient du feu, tellement qu'estant fondu auec le plomb, & purgé, il donne son or & son argent.

On fait encore cette separation d'vne autre sorte. Reduisez l'estain en verre ou amause par le moyen du plomb commun, ou du regule d'antimoine, tenez-le long-temps dans vn grand feu où il se fondra, seruez-vous de l'inceration du nitre ou du sel de tartre. Dans cette operation les plus pures parties de l'estain s'estant assemblées, il s'en fait vn regule; les impures s'en vont en scories auec le plomb & le sel. Le regule estant repurgé vous trouuerez vostre or & vostre argent dans la coupelle.

Or il faut sçauoir que ces operations se peuuent bien faire sans cuiure, mais qu'auec le cuiure elles rendent plus d'or & plus d'argent: non pas à cause que le cuiure mesme donne son or & son argent, mais pource que l'estain ne donne pas volontiers son or & son argent sans le mélange du cuiure, chez lequel il cherche son azile, & se cache, en se dérobant aux scories, tant que le trauail estant acheué, les scories ne le peuuent plus attirer: le cuiure tient donc lieu de receptacle où l'or & l'argent se peuuent cacher, ce que les Chymistes appellent, bain. Nous parlerons plus amplement de ce trauail des Amauses au quatriesme Liure, où il est traicté du cuiure.

On peut aussi separer l'or & l'argent de l'estain en cette maniere. Faites fondre du plomb commun sous la mouffle dans la coupelle; comme il sera bien chaud iettez-y vn peu d'estain, il entrera incontinent, mais vn peu apres s'esleuant, il s'enflammera en guise d'estincelles, il s'en va en cendres, lesquelles il faudra retirer auec vn crochet de fer, mettez-y de nouuel estain, & le retirez quand il sera bruslé, & reïterez ce trauail, iusqu'à ce que tout le plomb soit consumé par l'estain, faites bien chauffer durant vne heure les cendres sous la mouffle dans la coupelle; afin que s'il y auoit quelques grains de plomb, ils soient reduits en cendre, & que par ce moyen la cendre de Iupiter calcinée en soit mieux fixée; si vous le reduisez, ce sera vn metal, lequel vous ferez derechef chauffer sous la mouffle, où il sera reduit en cendre, reïterez ce trauail, tant que par la reduction il refuse de passer en metal, & qu'il demeure en scories & metal détruit. Faites-le fondre dans vn bon creuset, & y adioustant vne fleur preparée de nitre & de tartre: l'estain fixé se retire au fond en regule auec vne partie du plomb, lequel regule ëstant laué fait paroistre l'or & l'argent qui estoient cachez dans l'estain. Ce trauail est gentil, aisé & de petite despense, principalement où le bois & le charbon sont à bon marché. Les scories desquelles le Roy a fait retraite ne se perdent pas, mais elles sont reseruées à d'autres vsages, que nous allons dire bien-tost.

Or celuy-là se trompe qui espere du profit de ce petit trauail sous la mouffle, dautant qu'en cette maniere on ne peut seulement que connoistre combien il y a d'or & d'argent, dans cent liures d'estain, & quelle despense il faut faire pour l'en extraire, afin de pouuoir aspirer à quelque chose de plus vtile par la supputation.

Ce trauail ne se fait pas si commodement sous la tuile, que dans les grands fourneaux, où il y a plus grande force de feu, & par consequent plus de profit. Et quoy que mes occupations m'ayent empesché d'en faire l'essay, ie ne laisseray pas de vous dire en peu de mots, comment il y faut proceder, afin d'en retirer beaucoup de profit. Selon le calcul fait d'vne plus petite quantité, pour vne centiesme d'estain, il en faut dix ou douze de plomb, tellement qu'ayant supputé la despense en plomb, estain, charbon & trauail, & la deduisant sur l'or, vous trouuerez qu'il en reste fort peu: mais si vous penetrez plus auant, vous y trouuerez vn gain considerable, en vous seruant du plomb qui contienne de l'argent; & de l'estain qui contienne de l'or, comme il s'en rencontre souuent qui contient autant d'or qu'il égale le prix de l'estain, de mesme que du plomb qui contient de l'argent qui égale la valeur du plomb, lequel les Metallistes ne sçauent pas separer: & afin que vostre trauail soit plus lucratif, adioustez à l'estain des pierres ou des mines d'or ou d'argent, telles que sont les Marcassites, l'antimoine, l'arsenic, l'orpiment, kobolt, quantité de pyrites ou kisij qu'on n'a iamais accoûtumé de fondre à cause du peu d'or qu'ils rendent; il les faut reduire en scories, & comme ils ioindront leur or & leur argent, vous en retirerez plus de profit. Principalement si ces mineraux ayant esté plustost fondez auec le cuiure, sont reduits en regule par le moyen du fer: ou que leur or soit resserré, & qu'en suite les regules soient iettez auec l'estain sur le plomb, & s'en aillent en ſcories. En ce cas là, leur or ſe peut acquerir à peu de frais, & eſtre épuré par l'eſtain. Que ſi vous voulez que cette ſeparation vous ſoit vtile, il ne la faut pas faire dans des creuſets, mais en des foyers bien cimentez, ſur leſquels il eſt beſoin d'vne grande flamme, qui échauffe fortement les metaux. Aprez que la calcination, incineration ou annihilation aura eſté faite, il en faut faire la reduction dans vne fournaiſe aiguë. Ce n'eſt pas icy le temps d'en traicter plus exactement, il ſuffit d'auoir découuert la verité en vne petite quantité, il eſt permis à chacun de tenter ſa fortune dans les trauaux metaliques.

Quoy qu'il y ait diuerſes ſortes de ſeparer l'or & l'argent de l'eſtain, ie croy toutefois en auoir aſſez indiqué pour vne fois: les Chapitres ſuiuans donneront lumiere du reſte.

TROISIESME REGLE.

De Mars & de ſa proprieté.

LEs ſix metaux cachez ont chaſſé le ſeptieſme, & l'ont rendu corporel, luy laiſſant le dernier rang, le changeant d'vne dureté groſſiere & laborieuſe: C'eſt en luy qu'ils ont fait paroiſtre, toute la force & toute la dureté de la coagulation, s'eſtant reſeruez les couleurs, les fleurs, & tout ce qu'il y a de plus noble. C'eſt vne entrepriſe bien haute & difficile, de faire vn Prince & vn Roy, d'vne perſonne baſſe & de la lie du peuple. Toutefois Mars s'acquiert de l'honneur par sa vertu, & monte sur le thrône des Roys. Il faut bien prendre garde de ne rien faire à la haste, & songer par quelle inuention on mettra Mars en la place royale, & le Soleil & la Lune auec Saturne en la place de Mars.

Nous suiuons l'ordre, & mesme la supputation des Astronomes par laquelle aussi Mars est le troisiesme en descendant: En cét endroit Paracelse ne donne pas le premier rang à Saturne comme font les Astronomes, mais bien à Mercure, & peut-estre par quelque raison importante. En suite il dit, Mars est rude, dur & grossier, dautant que les autres metaux se sont deschargez sur luy de tout ce qu'ils auoient de plus vil & de plus impur, comme il se voit par experience; il est faït d'vn bois noüeux & grossier: il n'a gueres rien de bon: il est rude, & n'est aucunement comparable au doux, tendre & noble Iupiter. Mais estant deliuré des nœuds, ce qui ne se fait qu'auec grand difficulté, il est contraint de se rendre, & de monstrer par sa vertu qu'il est aussi d'vn sang royal.

Paracelse adiouste que Saturne est capable de le denoüer, & de l'éleuer à vn plus haut degré, quoy que les Astronomes condamnent la conionction de ces deux, comme cause de tous maux, & c'est pourquoy ils les ont separez par le benin Iupiter qu'ils ont mis entre-deux. Selon Paracelse il faut auoir beaucoup de precaution pour faire que Saturne denoüe Mars, la precipitation est miserable: il resiste courageusement, & tasche de perdre les autres: on le peut toutefois ranger selon le mesme Paracelse dont nous

parcourrons

parcourrons les raisons en peu de mots.

Saturne a cette proprieté naturelle, que de nettoyer les autres metaux imparfaits, de leur soulfre superflu, si par hazard ils contiennent quelque chose de bon : mais il n'est pas capable de leur oster l'impureté radicale, qui est née auec eux, il ne le sçauroit faire tout seul ; comme il paroist dans l'examen des coupelles. Quoy que vous adioustiez le fer au plomb, qui doit estre separé sur la coupelle, il n'entre en nulle façon dans le saturne auec sincerité ; que si cela arriue par vn grand trauail, il ne demeure pas ; mais il se retire bien-tost vers la superficie en guise de scorie, & ne laissant rien auec le plomb, que ce qu'il auoit accidentellement, il s'en va auec tout ce qu'il auoit de bon naturellement. L'estain en fait autant ; mais pour le cuiure, quoy qu'il ne nage pas dans le plomb, & qu'il se retire à part, il ne se ioint point radicalement, mais estant reduit auec le plomb en scories liquables il descend dans des cendres poreuses. Dequoy nous auons soigneusement traicté dans la quatriesme Partie des Fourneaux, & dans l'Appendix.

Il est donc constant que le plomb n'est pas propre de soy à nettoyer les metaux, mais que pour cét effet il a besoin de la preparatiõ de l'art. Car comment Saturne qui est le plus liquide de tous les metaux s'vnira-il de luy-mesme auec le fer qui en est le plus dur ? il est vray qu'ils se penetrent l'vn l'autre par vne fusion mutuelle, mais c'est par contrainte & superficiellement, non pas radicalement. Comme si quelqu'vn mesle de l'eau dans de la farine pour faire vn gasteau; l'eau s'épaissit, & la farine se rend liquide; mais ils ne se reçoiuent l'vn ny l'autre radicalement, l'eau s'insinuant dans les pores de la farine, en fait de la paste.

Pareillement le plomb & le fer se meslent; mais ils ne souffrent point également la violence du feu. Mars ne change point de naturel dans la fusion, c'est tousiours vn metal dur & difficile à fondre: Le plomb aussi conserue son humidité & liquabilité, & quoy qu'ils se mettent en vne masse, chacun neantmoins persiste dans sa proprieté: que si on les met en estat de pouuoir ensemble soustenir le feu, le fer vient à se rendre, & donne son or au plomb; & par son soulfre chaud & volatil, il meurit l'argent qui est caché dans le plomb, l'exalte, & le rend corporel, afin que l'vn & l'autre se communiquent leur vertu, & leur bonté, qu'ils corrigent leurs defauts, & se perfectionnent reciproquement. Quoy que le fer qui est apre & rude de sa nature, coule auec le soulfre combustible, ou auec vn mineral soulfreux, tels que sont l'antimoine, l'arsenic, ou l'orpiment; il ne se fait neantmoins aucune transmutation, chacun demeurant dans sa nature sans alteration. De mesme que le mercure estant reduit en amalgame auec l'argent ne fait point de solution, mais s'attache à l'or, & s'en va aisément, l'or luy estant demeuré. Que si quelqu'vn sçauoit ioindre radicalement l'or & l'argent auec le mercure, l'vn ne quitteroit point l'autre, mais ils se perfectionneroient mutuellement par la force du feu, comme font les autres metaux quand ils sont meslez radicalement.

Quelqu'vn me demandera qu'eſt-ce que le radical & ſpirituel meſlange des metaux ? ie luy réponds, que c'eſt lors que l'vnion ſe fait par vne amitié naturelle, qu'ils ſupportent également la bonne & la mauuaiſe fortune, que l'vn n'eſt pas plus remarquable que l'autre, qu'ils ſe font ouuerture au trauers les portes & les murailles les plus épaiſſes, que le volatil ne s'exhale point dans le feu, que le liquable ne ſe ſepare point de l'illiquable, en rampant le long du vaiſſeau, & laiſſant derriere ſoy en guiſe de ſcories, ce qui eſt de plus fixe & de plus rude. Mais vous demanderez, en quelle maniere ie rends les metaux ſpirituels, & en quelle maniere ie les vnis radicalement; Eſt-ce qu'il les faut premierement diſſoudre auec de l'eau forte, ou auec d'autres eſprits corroſifs, & les rendre volatils par le moyen de l'Alembic ? Point du tout. Cette ſorte de ſpiritualiſer eſt tout-à-fait trompeuſe & ſophyſtique, empeſchant de paruenir à la connoiſſance de la verité. Tous les Philoſophes conſeillent le contraire, & defendent de trauailler les metaux par des eſprits acres, dautant que bien loin d'en eſtre perfectionnez, ils en ſont corrompus & mortifiez dans la racine. Si vn homme a eſté noyé, faut-il encore luy faire aualer de l'eau, pour le reſſuſciter ? C'eſt la meſme choſe que ſi vous mettiez la bride à la queuë. Il eſt éuident que ce qui eſt de ſuperflu dans les metaux, c'eſt le ſoulfre combuſtible & corroſif : & qu'ils en poſſedent dautant plus, qu'ils ſont vils & imparfaits : C'eſt dequoy Mars nous donne vn témoignage manifeſte, qu'il n'y a que le soulfre acide; lequel l'a priué de noblesse & de dignité: car s'il n'abondoit pas tant en ce soulfre grossier, acide, & vitriolique, il ne se roüilleroit pas si aisément, ny ne se corromproit par l'attraction d'vne humeur commune. Vous me direz, qu'il n'y a pas d'apparence qu'il ait tant de soulfre corrosif, car d'où luy seroit-il venu? veu que les mines & les pierres dont il se fait, ne sont pas infectées de cette sorte de soulfre. Car s'ils l'auoient esté, ils n'auroient pas soustenu vn si grand feu dans la fusion, mais il s'en fut enuolé. Certes, mon amy, vous n'entendez pas la nature des metaux, & vous ignorez la cause pour laquelle la nature a laissé ce soulfre au fer, & aux autres metaux imparfaits. Il faut que vous sçachiez, que ce soulfre leur sert d'aliment, & comme d'enuelope & de matiere, dans laquelle ce qu'ils ont de meilleur se meurit comme vn embrion, lequel en suite paroist en forme de metal pur & parfait. Le dessein de la nature n'a pas esté que le fer demeurast fer; mais qu'il passast iusqu'à la perfection de l'or; l'impatience du Mineur, ne luy donne pas le temps d'en venir là; & le destinant à d'autres vsages plus prompts, il imite ce Pescheur lequel fut prié par vn petit poisson qu'il venoit de prendre, de le remettre dans l'eau, iusqu'à ce qu'estant deuenu plus grand, il seroit capable de remplir mieux vn plat: le Pescheur n'en voulut rien faire: en luy disant, ie te tiendray à present tel que tu es, car ie ne sçay pas si lors que tu seras grand, tu reuiendras donner dans l'hameçon. Le Mineur en fait de mesme, il n'attẽd pas que le fer paruienne à la dignité de l'or, mais il l'applique aux vsages presens. Tout le monde sçait qu'il contient beaucoup de sel corrosif qui n'est pas combustible dans le feu de fonte; & ie n'en veux point donner d'autre demonstration que ce que i'en ay dit dans les annotations de l'Appendix. Et afin de vous faire voir que le metal peut conseruer dans la fonte, le soulfre volatil, & combustible, ie vous l'expliqueray plus clairement. L'or ayant atteint sa perfection, ne cherche point ce soulfre combustible, ny ce sel acide & vitriolique, & la nature l'en a chassé; dautant qu'il n'en a plus besoin pour se nourrir dauantage, & mesme si vous le luy adioustez, il le chasse, & ne fait point d'alliance ny d'amitié auec luy, comme font les metaux imparfaits. Pour l'argent, quoy qu'il ne soit pas absolument parfait, il l'est toutefois plus que les autres, & ne laisse pas d'auoir commerce auec ce sel soulfreux; iusques-là mesme, que dans vne grande chaleur il retient fort long-temps le soulfre commun. Ce que nous monstrerons en suite dans la separation des metaux. Que si l'argent qui est vn metal presque meur & acheué, retient ce soulfre, comment les autres qui sont plus imparfaits ne le retiendront-ils pas? Pour en estre plus certain vous n'auez qu'à incorporer du sel soulfreux à quelque metal que ce soit, & les retenir dans vne grand chaleur; dans quelques heures vous verrez que vostre metal aura retenu ce soulfre, & l'aura defendu contre la force du feu. Que si le metal reçoit & conserue ce sel & ce soulfre qui estoiẽt en quelque façon separez de luy par la fonte, ne conseruerail pas encore mieux le sien propre, dans lequel il a esté formé & duquel il est sorty ? Le fer n'est pas seulement amy de tous les sels soulfreux, & corrosifs, mais encore de ceux des vrines, lesquels il attire & conserue dans le feu par vne vertu magnetique. On en voit l'exemple dans la limaille de Mars, meslée auec du nitre ou du sel de tartre, lors que le sel se fixe auec Mars, & resiste au feu. Ce qui est digne de remarque.

Pour reuenir à la proposition que i'ay faite de monstrer que les metaux imparfaits non seulement ne sont pas perfectionnez par les esprits, & par les sels corrosifs ; mais qu'ils en sont corrompus ; il ne faut point d'autre preuue, que l'experience, laquelle nous fait voir tous les iours, que tous ceux qui se sont seruis d'esprits corrosifs pour la melioration des metaux, n'ont rien fait qui vaille, & ont perdu leur temps & leur bien à leur grand dommage : au contraire ceux qui ont employé d'autres menstruës, non corrosifs, ont fait de grands progrez, & ont troué plus qu'ils n'auoient cherché. Ceux-là taschent de dissoudre les metaux, & les spiritualiser, & vnir radicalement sans aucuns corrosifs, afin que dans le feu ils agissent & patissent mutuellement, & qu'ils cooperent pour acquerir la perfection, la noblesse & la pureté. Nous traiterons plus amplement de cette spiritualization au Chapitre 6. où Paracelse en parle aussi. I'asseure donc, pour ce qui est de Mars ; que loin de deuoir estre traicté par des menstruës corrosifs, il le doit estre par ceux qui leur repugnent, qui mortifient & separent ceux qui auoient retenu les metaux dans la fusion, afin que desormais ils n'attirent plus l'humidité, & qu'ils ne se roüillent, & ne se corrompent plus, mais au contraire que toutes les choses corrosiues consistent & se conseruent par le soulfre combustible. Or il ne faut pas s'imaginer que Mars estant deliuré par cét antidote de son soulfre grossier, terrestre & combustible, doiue entierement estre transmué en or pur & fin: car le bien qui est dans Mars est en petite quantité; & dautant que l'or est plus noble que le fer commun, dautant le fer qui reste, est plus vil que celuy dont l'or a esté separé, n'estant rien autre chose qu'vne tres-vile terre ou scorie exempte de toute liqueur metalique. Le lait de vache ou d'autre animal, n'estant point meslé auec de l'eau, est vn bon lait, mais il cede beaucoup en bõté au beurre qui est bien trauaillé: & dautant que le lait est plus vil que le beurre, d'autant le lait acide, dépoüillé de sa fleur & de sa cresme, est aussi plus vil que le beurre. Si vous ostez d'vn vin excellent son esprit par la distillation, vne partie de cét esprit est meilleure que douze parties du vin, dont elle a esté extraite: Le residu ne peut plus estre vin, & est d'autant plus vil qu'vn autre bon vin; que le bon vin est plus vil que l'esprit qui en a esté tiré. Il en est de mesme des metaux, lesquels estant priuez de leur ame & de leur forme metalique, ne sont plus fusibles. C'est pourquoy quand on separe l'or des metaux imparfaits, il faut bien prendre garde s'il n'égale pas par sa valeur le metal, & le reste de la dépense. Que si vous sçauez appliquer le residu du metal à d'autres vsages, vous en serez d'autant plus hardy à trauailler à cette separation.

Pour reuenir au discours de Paracelse, & pour monstrer que Mars mesme peut estre éleué à la dignité royale par le moyen de Saturne, apres auoir dit auparauant qu'il n'y a nulle familiarité du plus liquide auec le plus dur des metaux, & que celuy-là s'en va plustost en fumée qu'il ne rende celuy-cy fluide; apres auoir asseuré que dans la separation de Mars on ne se peut passer de Saturne, il faut declarer en peu de mots de quelle maniere on s'en doit seruir.

Il est vray que Saturne est de sa nature liquable & volatil, mais on le peut facilement rendre fixe, sans aucune perte de son humide radical ou de sa nature metalique, afin qu'il puisse supporter le mesme feu que Mars; Apres qu'il a esté reduit en cét estat, il est propre à la separation de Mars: on le peut rendre fixe & non liquable en plusieurs manieres; mais principalement par les sels fixes, lesquels sont contraires au soulfre superflu de Mars, & qui sont aisément separez des regules qui se font de Mars. Car le nitre & le sel de tartre, ne durcissent pas seulement le Saturne, mais vnissent les autres metaux auec luy & les rendent spirituels, semblables au verre clair transparent & soluble. Puis lors qu'ils ont souffert le feu autant qu'il est necessaire, l'agent estant consumé, & le patient suffisamment purgé; la plus pure partie de ces metaux, lesquels ont esté meslez spirituellement, est separée par la force de Saturne, de l'autre partie inutile & grossiere: le regule est aisément purgé; de sorte qu'il n'eſt pas neceſſaire de ſeparer toute la maſſe par la precipitation, ny de la reduire en regules. Mais le Saturne par ſa vertu naturelle acheue en ſon temps la ſeparation ou precipitation du pur & de l'impur des metaux qui ont eſté vnis ſpirituelement. Voila donc la façon de ſeparer l'or d'auec Mars par le moyen de Saturne, eſtant impoſſible d'en tirer rien de bon, par la commune methode des examinateurs, en ſcoriant & ſeparant par le moyen dudit Saturne. Veu que Mars ne reſiſte pas à la force du feu auec le Saturne vulgaire, non plus que Iupiter, mais qu'au contraire, ils ſe ſeparent & s'en vont en ſcories, ce que nous auons indiqué en la premiere partie de ce Liure, où nous renuoyons le lecteur.

Cette ſeparation de l'or d'auec Mars ſe peut encore mieux faire auec le regule d'antimoine, & auec le nitre que par le Saturne commun. Que ſi ie n'en donne pas le recipé, & tout le procedé d'vn bout à l'autre, perſonne ne s'en doit eſtonner; dautant que mon Liure ſeroit d'vne exceſſiue grandeur, & ie n'en receurois pas plus de ſatisfaction des ingrats. C'eſt aſſez que i'aye indiqué la façon & les eſpeces, auec leſquelles il faut faire l'operation, car i'écrits en faueur des Chymiſtes qui ſont deſia verſez dans l'exercice metalique, & non pas des chetifs diſtillateurs. Que s'il manque quelque choſe pour l'éclairciſſement, on le trouuera à la fin des ſept regles dans quelques procedez.

Quelqu'vn dira peut eſtre, comment eſt-il poſſible que cette operation ſe faſſe ſi aiſément par le moyen du Saturne & des ſels, veu qu'en la premiere Partie de ce traicté & ailleurs en plusieurs endroits il est dit, que Mars, bien loin de donner son or facilement, denoue mesme & cache celuy qui luy est adiousté par hazard ou par dessein? Que celuy-là apprenne, que cette maniere de separer l'or d'auec Mars, n'est pas vn examen vulgaire, mais vne veritable & philosophique operation, par laquelle Mars est pleinement deliuré de son corps dur & grossier. Et quoy que ie sçache que beaucoup de lecteurs ne penetreront pas plus auant, ie croy toutefois, & i'oze asseurer qu'il y a encore dans ce trauail quelque chose de plus excellent que l'or, & pour ne te donner pas mal de teste, ie te le veux communiquer de bon cœur. Le voicy: Du fer sans aucun corrosif, on en fait vn sel, lequel est capable d'oster l'ame à l'or, en sorte qu'il demeure à demy mort, Mars conçoit, pour mettre au iour vn fruit d'or, l'or affoibly par le cuiure, & par l'antimoine, recouure sa force & sa couleur. D'autres Philosophes ont fait mention de cecy, disant que Mars n'épargne pas mesme le Roy, duquel il prent les ioyaux & les ornemens, & qu'il n'a pas de honte de s'en enrichir. Le tres-renommé Sendiuogius en a écrit aux termes suiuans. Les Chymistes sçauent changer le fer en cuiure sans l'entremise du Soleil: ils sçauent aussi de Iupiter, en faire le mercure; il y en a qui du Saturne, en font la Lune; mais s'ils sçauoient employer la nature du Soleil dans ces transmutations, certes ils trouueroient quelque chose au dessus de tous les tresors. C'est pourquoy ie dis qu'il est necessaire de sçauoir quels metaux veulent estre ioints les vns auec les autres, & quels ont vne conformité naturelle. C'est ainsi qu'il y a vn metal lequel a la puissance de consumer les autres : comme estant presque leur eau, & presque leur mere : il n'y a qu'vne seule chose qui luy resiste, & qui en est perfectionnée, sçauoir l'humide radical du Soleil, & de la Lune. Et pour parler clairement, on l'appelle l'acier: si l'or est ioint par onze fois auec luy, il iette sa semence, & s'affoiblit presque iusques à la mort, l'acier conçoit, & engendre vn fils plus noble que son pere: par apres si la semence de cét enfant est mise dans sa matrice, il la purge, & la rend mille fois plus propre à produire des fruits excellens. Il y a aussi vn autre acier qui ressemble à celuy dont nous venons de parler, lequel a cette proprieté merueilleuse que de tirer des rayons du Soleil, ce que tant d'hommes ont cherché, & qui est le commencement des nostre ouurage.

Quoy que Mars soit en si mauuaise reputation, vous voyez toutefois qu'il s'en peut tirer quelque chose de bon. Ie confesse qu'il est malicieux, lors qu'il est le maistre, il n'épargne pas mesme le souuerain, auquel il extorque les thresors par violence, mais par le commerce de Venus, il les rend; & auec le temps on le peut distribuër entre les suiets. Quoy que le Roy soit dépoüillé de ses estats, & qu'il deuienne pasle comme vn malade, il doit pourtant auoir tousiours bon courage: pourueu qu'il subiste ses affaires ne sont pas desesperées. Car pourueu que ses richesses ne soient pas transportées hors de son Royaume, & qu'elles soient distribuées entre ses suiets, il peut par le moyen de ses reuenus recouurer l'éclat de sa maiesté, & la conseruer toute entiere.

Ie sçay bien que certains petits esprits qui font les entendus, mais qui sont tout-à-fait aueugles pour les lumieres de la nature, se mocqueront de moy, comme si i'auois interpreté l'acier de Sendiuogius au pied de la lettre & que ie l'eusse pris pour le fer ordinaire, mais il m'importe fort peu: i'ay écrit auec raison ce que i'ay écrit. Ie sçay que ny luy ny moy n'entendons pas parler du fer commun, mais d'vne vertu & d'vne essence magnetique, faite sans corrosifs, intime, & connuë de peu de personnes, laquelle sur toutes les choses du monde attire l'ame du Soleil auec auidité, & la transmeuë.

QVATRIESME REGLE.

De la nature de Venus.

LEs autres six metaux ont presté toutes leurs couleurs, & toutes leurs flueurs à Venus auec inconstance & pour l'exterieur du corps. Or il seroit bien auantageux de monstrer par quelques exemples, en quelle maniere le visible deuient inuisible, & l'inuisible visible & materiel, le tout par le moyen du feu. Tous les combustibles, se peuuent changer naturellement par le feu, & passer d'vne forme en vne autre, en charbon, en suye, en cendre, en verre, en couleurs, en pierres, en terre, & la terre en beaucoup de corps metaliques. Que s'il se troune qu'vn metal soit bruslé ou gasté par la vieillesse, non fusible, mais rude, fragile, & s'en allant en cendre, il le faut faire bien chaufer, & il reprendra sa fusibilité.

Quoy que par dessus tous les metaux Venus soit tousiours propre à toutes les operations, elle n'est pas neantmoins absolument exempte de ce soulfre combustible, mais elle en est infectée radicalement, de sorte que sans luy adiouster d'autre soulfre elle se reduit en scories, & se corrompt facilement : ce qui arriue par la quantité de ce soulfre combustible. Quant à l'or & à l'argent comme ils n'ont point de ce soulfre, ils ne sont point suiets à la détruction, tellement qu'ils ne s'en vont point en scories comme les autres metaux imparfaits, lesquels comme ils abondent en soulfre, se changent mesme auec peu de feu en cendres, poudres, ou scories, lesquelles scories se fondent en verres opaques ou transparens selon la nature du metal ; Ces verres se peuuent fondre en metaux malleables, & ces metaux derechef en cendres & en verres, mais cela se fait tousiours auec quelque perte, à raison de quelques parties bruslées, qui ne peuuent pas estre reduites en metal, quoy que le metal demeure tel qu'il estoit au commencement sans receuoir aucune melioration. Or quiconque aura le secret de fondre les metaux en verre, en leur adioustant non des choses metaliques, mais celles qui ont de l'affinité auec les metaux, tels que sont les sels, les sables, ou les pierres, il trouuera tousiours son metal meilleur dans la reduction, qu'il ne l'auoit pris au commencement. Et afin que le lecteur en faueur duquel ie compose ce Liure, comprenne parfaitement ma pensée, ie m'expliqueray plus clairement.

Paracelse auoit dit cy-deuant, que chaque metal visible cachoit en soy les autres où ils estoient inuisiblement; Et que pour rendre visibles & corporels, les metaux qui estoient inuisibles, il faloit oster celuy qui les cachoit: ie ne sçay pas comment il faut donner de la lumiere à ces paroles, lesquelles sont tout-à-fait intelligibles dans leur brieueté, & que personne ne veut croire. A peine s'en trouue-il vn entre cent, qui les comprenne: mais de mesme qu'vne oye marche auec ses pieds tous sales & boüeux sur les pierreries dont elle ne connoit pas le prix; ainsi les ignorans orgueilleux ne veulent pas reconnoistre la verité nuë & simple, & passent sans s'y arrester. Si Paracelse eut proposé de longues & incertaines operations à la façon des Sophistes, il eut trouué plus de sectateurs; mais parce qu'il n'a pas voulu faire égarer son prochain dans des chemins inconnus, & qu'il a manifesté la verité en peu de paroles, il en est méprisé.

Pour moy ie ne puis pas assez m'estonner de la folie des hommes, qui prennent des peines prodigieuses en cét art. Ce ne sont que des songes, & des chimeres qu'ils s'écriuent & qu'ils se communiquent les vns aux autres, & se seruent de gens qui n'en sçauent pas plus que leurs maistres; ils consument inutilement leur temps & leur argent. Ils disent qu'il faut prendre garde à choisir les veritables especes, à faute desquelles tout leur trauail eſt inutile : Que le tartre rouge eſt neceſſaire pour la confection de l'or, & l'eſprit du vin tiré du vin rouge, & non pas le blanc: qu'il ne faut prendre des eſpeces rouges pour des trauaux lunaires. Que le vinaigre, l'eſprit du vin, & le tartre ſoit de Straſbourg ou d'autre certain lieu, autrement ils ne ſeront pas propres à l'ouurage.

Que ſi l'œuure ne reuſſit pas, ils s'excuſent ſur le vinaigre, & font cent autres impertinences, faute de bien connoiſtre la nature des metaux. La verité ſelon le témoignage de Paracelſe, doit eſtre ſimple & facile, mais on ne la trouue que rarement, & peu de gens y adiouſtent foy. Les metaux ne ſe changent iamais, qu'ils n'ayent eſté dépoüillez de leur forme metalique : car ſi vn metal, ſeul ou meſlé auec d'autres, eſt longtemps gardé dans la fluidité, comme il demeure corporel, il ne peut pas donner de ſecours à vn autre; mais s'il eſt détruit & qu'il demeure dans le feu, le temps qui luy eſt neceſſaire, ſeul ou ioint auec d'autres, il eſt impoſſible qu'il n'en deuienne plus parfait : tant qu'il garde ſa forme metalique il ne ſçauroit profiter, il faut neceſſairement que la dureté du corps ſoit froiſſée, & reduite au neant, auant que la ſeparation du pur & de l'impur ſe puiſſe faire.

La veritable Chymie enſeigne la ſolution par ſon ſēblable ſans corroſif, afin que les parties les plus pures ſoient vnies, & les autres ſeparées. Lors que le metal eſt contraint de ſouſtenir la vehemence du feu, les parties s'attachent les vnes aux autres; ſi elles ſont fixes, elles demeurent ensemble ; si elles sont volatiles, elles s'enuolent ensemble pareillement ; le lieu de la nature les tient, & les defend contre le feu ordinaire, mais quand ce lien vient à estre lasché, elles sont contraintes de se soûmettre à l'empire de Vulcan, & de faire tout ce qui luy plaist. Les Chymistes deuoient auoir honte de leur trauail, ils deuoient consulter les laboureurs qui prennent le secours de la nature en tout ce qu'ils font. Le laboureur ne répand point sa semence sur toute sorte de terre indifferemment, mais il choisit vn champ bien cultiué, & bien engraissé de fumier, il y iette sa semence, afin qu'apres auoir esté pourrie, & reduite au neant, elle vienne à se multiplier, & que la chaleur du Soleil, & l'humidité viuifiante de la pluye la fassent paruenir iusqu'à la maturité : car il sçait bien qu'il faut necessairement que la semence se corrompe, & qu'elle soit dépoüillée de sa forme, auant qu'elle puisse estre multipliée : il sçait aussi que quand elle a vne fois atteint la maturité, on ne la doit plus laisser dans le champ, qu'on la doit couper, qu'on la doit vanner, afin de separer le grain qui est plus pesant & qui va tomber plus loin, d'auec la paille qui est plus legere & qui tombe plus prés, comme l'experience nous l'enseigne. Le Chymiste en deuoit faire de mesme, veu qu'vn metal peut estre comme le champ d'vn autre metal, lequel y venant à pourrir & à se corrompre, acquiert vn nouueau corps ; il doit separer par le moyen de Vulcan ce nouueau corps, des feces desquelles il est composé estant tres-bon, & tres-pesant. Sans la pourriture &

sans

ſans la corruption, dont nous auons parlé, ne viendroit iamais à la melioration. Vne Villageoiſe qui veut ſeparer la meilleure partie du lait de la plus groſſiere & de celle qui vaut le moins, elle la met à part dans vn lieu chaud, afin que ce qui eſt de plus excellent monte, & que ce qui eſt de plus vil, deſcende: & meſme elle a cette induſtrie qu'elle remué cette partie qui eſtoit la moins pure, afin d'exciter la creſme, & qu'elle puiſſe derechef ſeparer le pur d'auec l'impur; ce qui s'appelle du beurre, en faire du lait, qui ne ſe feroit iamais ſans l'induſtrie de la Villageoiſe. Qui s'imagineroit que le beurre eſt contenu dans le lait, s'il ne le voyoit tous les iours? La ſeparation du beurre d'auec l'aquoſité du lait ne ſe fait que par vne prompte agitation, par laquelle le lait s'échaufe; on y verſe meſme de l'eau chaude, tant à cauſe que ſon humidité ſe meſle auec celle du lait, & auance la ſeparation, qu'à cauſe que ſa chaleur aide à celle qui vient de l'agitation.

Les ignorans trouueront cét exemple groſſier, mais il eſt neantmoins allegué fort à propos, & monſtre la maniere en laquelle il faut extraire le lait de l'or & de l'argent, & comment la ſeparation s'en fait par le moyen de l'eau chaude, & de l'agitation du feu. Car tout ainſi que l'eau chaude aide à l'humidité du lait, eſtant cauſe que ſon heterogene, qui eſt le beurre, en eſt pluſtoſt ſeparé: ainſi les metaux apres auoir eſté cuits long-temps dans leur eau, peuuent eſtre ſeparez. La raiſon eſt, que les corps compactes ne perdent pas ſi-toſt leur nature, quoy qu'ils soient long-temps dans la fusion, & d'eux-mesmes n'ont pas la force de pousser dehors ce qu'ils ont de bon ou de mauuais, & de donner à connoistre s'ils contiennent de l'or ou de l'argent; c'est pourquoy il les faut long-temps cuire dans leur eau, afin qu'ils se relaschent, qu'ils passent de leur nature metalique, & que par l'agitation du feu, le pur soit separé de l'impur. Or la partie la plus pure du metal ne s'en va pas à la superficie comme le beurre, mais selon la coustume des metaux, elle va au fond comme quelque chose de royal, laquelle estant refroidie, il faut separer des scories & la purifier.

Il est tres-important de sçauoir quelle est cette eau, propre à la separation des metaux. Puisqu'elle a la vertu de les dissoudre, il faut necessairement qu'il y ait de l'amitié & de l'alliance entre elle & eux; le vieux Saturne aporte cette eau auec soy, & c'est de luy qu'on la peut aisément tirer. Pour le Saturne commun, quoy que tous les Philosophes ayent publié qu'il n'estoit que de l'eau, ce que l'experience des coupelles a démenty, n'est du tout point propre à cela, tant qu'il demeure compacte dans sa forme metalique. Auant que de pouuoir reduire les metaux en eau, il faut plustost qu'il deuienne eau luy-mesme.

C'est vn trauail de peu de temps, & de peu de dépense, dont nous parlerons plus amplement au chapitre suiuant & ailleurs. Il faut aussi remarquer que si apres auoir la solution du cuiure auec l'eau de Saturne, vous en faites la digestion autant de temps qu'il est necessaire, l'humidité se desseiche, le metal s'endurcit, ou retourne en corps metalique ; & c'est pourquoy il faut tousiours conseruer la solution en son estat liquide en y versant de l'eau, afin que leur action reciproque ne soit pas empeschée. Ce que les Philosophes appellent, inceration. Que si vous la negligez, l'œuure ne perit pas entierement, mais il reste de tres-excellens amauzes ou verres teints, qui paroissent parmy le cuiure, & iettent vn rouge, qui ne sert pas seulement à colorer le bois, mais encore le verre ; telles que l'on voit les anciennes vitres des Eglises. On s'imaginoit que l'art en estoit tout-à-fait perdu, mais il estoit caché par ceux-là mesme qui l'exerçoient, & qui ont reconnu qu'il y auoit quelque chose de meilleur : dautant que cét amause rouge, estant bruslé dans vn feu vehement, enuoye en bas vn regule, lequel estant laué dans l'eau de plomb donne de bon argent. Toutefois si tu desires tirer de l'argent du cuiure, il vaut mieux ne faire point de verre rouge, mais par le moyen de l'inceration empescher qu'il ne passe point à la rougeur, mais que la solution demeure tousiours verte & transparente, iusqu'à ce que Venus soit bien nettoyée.

Il ne faut pas mépriser ce que les autres Philosophes ont écrit touchant les amauses, la chose estant considerable selon les paroles d'Isaac. Tu sçauras que le verre qui se fait en cette sorte est semblable au corps glorieux : dautant que les feces du metal, lesquelles estoient auparauant vn corps noir & immonde, deuiennent en suite du verre. C'est sous ce corps qu'est cachée la quinte-essence du metal, laquelle est incombustible & reluit dans le verre par sa precieuse couleur: De mesme qu'au dernier iour l'ame reluira dans le corps glorifié, à la façon d'vn flambeau mis dans vne lanterne de crystal. Vne ame reluira mieux que l'autre selon la volonté de Dieu, de mesme qu'vn corps est plus beau que l'autre. Et vn peu apres il parle des amauses en ces termes: Si c'est du fer ou du cuiure, ils sont purs & nets, deliurez de leurs feces, tellement qu'ils ne seront plus suiets à la roüille. Si c'est Iupiter, la puanteur, & le bruit luy seront ostez, & il sera fort & pur comme la Lune; si c'est la Lune, elle est fixe: si c'est le Soleil, il est medecine; & si c'est Saturne, c'est la Lune.

Cela se doit entendre de ces amauses qui sont transparens selon la nature du metal; mais ceux qui sont spirituels, & qui se dissoluent dans l'eau, dont nous auons parlé cy-deuant, sont beaucoup preferables aux autres. Outre cela il faut remarquer que non seulement Venus & les autres metaux se peuuent reduire en amauses solubles, & indissolubles par cette eau de Saturne, mais que par l'addition des cailloux & des sels, ils se font encore plus beaux. Ils sont plus vils dans la separation, parce que le dissoluant n'est pas tout-à-fait metalique, & apres la purgation, ils ne rendent pas si facilement le regule que ceux qui ont esté faits auec l'eau de saturne.

Il y a encore vne autre maniere de nettoyer & purger le soulfre superflu de Venus sans l'eau de Saturne, & celle des cailloux, qui est par le salpestre. Si vous le meslez auec Venus ou autre metal imparfait, & que vous les brusliez ensemble, les plus pures parties s'assemblent, & le soulfre combustible se retire en forme de scorie.

Enfin cette separation ou ablution se fait aussi par le moyen d'autres sels fixes, mais il n'en y a point de plus heureuse que celle qui se fait auec l'eau de saturne. Le lecteur sçaura que ce que nous auons dit de Venus, est considerable, quoy que nous ayons parlé sans ornement; comme les Chapitres suiuans le monstreront.

CINQVIESME REGLE.

De la nature & des vertus de Saturne.

SAturne parle de luy-mesme en ces termes. Les autres six m'ont chassé de la ville spirituelle, quoy que ie sois leur examinateur, & & m'ont donné habitation auec vn corps corruptible. Ie suis contraint d'estre, ce qu'ils ne peuuent ny ne veulent estre; mes six freres sont spirituels, & c'est pour cette raison que lors que ie suis en feu, ils penetrent mon corps. Ie peris dans le feu, & eux auec moy, à la reserue des deux les plus nobles, le Soleil & la Lune, lesquels sont parfaitement bien nettoyez par mon eau dont ils deuiennent superbes. Mon esprit c'est mon eau, laquelle ramollit les corps durs de mes autres freres: mon corps est addonné à la terre, tout ce que i'embrasse deuient conforme à la terre, & se change en vn corps. Il n'est pas expedient que le monde sçache ce qui est en moy, ny combien ie vaux. Le meilleur seroit de ne songer qu'à moy, & d'en tirer ce qui est en ma puissance, sans employer le trauail de la chymie. Il y a en moy vne pierre de froideur, c'est l'eau auec laquelle ie durcis & congele les esprits des autres six metaux, les reduisant à la corporalité du septiesme, ce qui est auancer le Soleil auec la Lune.

Il y a deux sortes d'antimoine, l'vn est comme noir, par le moyen duquel est purgé l'or, estant meslé & fondu ensemble cét antimoine a vne estroite alliance auec le plomb. L'autre est blanc, magnesie, bismuth, ressemblant à l'estain, tel antimoine estant meslé auec l'autre, il augmente la Lune.

De saturne on fait vn bain dont nous auons parlé cy-dessus, pour nettoyer Venus & les autres metaux : autant en fait-on de l'antimoine, mais l'vn est plus propre que l'autre selon la diuersité des metaux.

Comme Venus entre facilement dans saturne, elle peut estre parfaitement bien nettoyée & separée par l'eau de saturne ; il n'en est pas de mesme de Mars, ny de Iupiter, parce qu'ils ne durent pas auec le plomb vulgaire dans le feu vehement, mais ils se retirent vers la superficie en guise de scories, & on les en retire sans estre lauez : mais l'antimoine les reçoit, retient & laue tres-auidement, ce qui est impossible au saturne commun. C'est vne prouidence de Dieu, qui a voulu qu'il y eut vn autre saturne par le moyen duquel peussent estre lauez & separez les metaux qui ne s'accordoient pas auec le saturne commun.

Il eſt donc tres-aſſeuré, ce que Saturne dit de luy-meſme, ſçauoir, que le monde ne croit pas les choſes qui ſont cachées en luy, & qu'il n'eſt pas à propos qu'il le ſçache; ſon corps eſtant fort ſuiet à la corruption, rend ſemblables à la terre, tous les metaux, excepté l'or & l'argent, leſquels reſiſtent, & ſont lauez par le moyen de ſon eau. Le cuiure, le fer, & l'eſtain eſtans fondus auec le plomb ſur la coupelle, s'en vont en litharge ou ſcories; & quand ils deſcendent dans les cendres poreuſes de la coupelle, ils deuiennent terre, à cauſe de leur ſoulfre bruſlant qui eſt tres-ſemblable au ſoulfre de ſaturne. Quant à l'or & à l'argent comme ils n'ont point de cette ſorte de ſoulfre, ils reſiſtent au plomb, ne ſont point tranſmuez en cendre ny en terre, & par conſequent ſe conſeruent ſur la coupelle.

Il ſemble toutefois que Paracelſe nous veüille indiquer quelque autre choſe touchant la tranſmutation de ſaturne auec les autres metaux. Comme ſaturne eſt l'eau & le bain des autres metaux, pareillement il peut eſtre laué luy-meſme par les ſels, qui ſont l'eau du meſme ſaturne, comme ie prouueray bien-toſt.

Que perſonne ne s'eſtonne, ſi ie ne parle pas plus amplement de ſaturne, que i'ay dit eſtre ſi admirable; car nous en auons deſia fait mention tres-ſouuent, comme nous ferons encore, tellement que nous ne voulons pas repeter la meſme choſe.

Ce que Paracelſe adiouſte de la difference de l'antimoine eſt ſi clair, qu'il n'a beſoin de lumiere: le plomb vulgaire & l'antimoine aussi, quoy qu'ils soient tres-differens par la diuersité du soulfre, est appellé noir, bisinuthe cendré; les vieux Metalistes appellent l'estain, le plomb blanc, dequoy nous ne nous mettons pas fort en peine.

SIXIESME REGLE.

De la Lune, de sa nature & proprieté.

SI quelqu'vn vouloit conuertir la Lune en plomb ou en fer, il luy seroit aussi difficile, que de Mercure, Iupiter, Mars, Venus & Saturne, en faire la Lune: mais il ne faut pas conuertir les choses nobles en choses viles, au contraire des viles & abiectes il en faut faire les nobles & les precieuses. Or il est impossible de faire la Lune, sans en connoistre la nature. Qu'est-ce donc que la Lune? c'est le septiesme metal externe, corporel & materiel, contenant les autres six qui sont cachez en elle: car comme nous auons dit tres-souuent, le septiesme contient tous les autres spirituellement, ne pouuant estre les vns sans les autres. On peut bien mettre en masse les sept metaux ensemble, mais apres leur meslange corporel, chacun conserue sa nature & demeure fixe ou volatil. Mais il n'en est pas de mesme du meslange spirituel, dans lequel les esprits ne sont point separez ny mortifiez.

Si vous pouuiez oster cent fois en vne heure le corps aux metaux par la mortification, ils en reprendroient tousiours vn plus noble qu'ils n'a-uoient auparauant. C'est la veritable promotion des metaux, qui se fait d'vne mortification en vne autre, c'est à dire, d'vn degré inferieur à vn superieur qui est la Lune, & du meilleur au plus excellent qui est le Soleil.

Mais, direz-vous, s'il est ainsi que la Lune & chacun des autres metaux soit composé des autres six, quelle est donc la nature, & la proprieté de la Lune?

Responsе. De Mercure, Iupiter, Mars, &c. il ne se peut faire d'autre metal que la Lune. La raison est que chacun des autres six metaux a deux bõnes vertus, lesquelles sont douze en tout; & ces vertus, sont l'esprit d'argent; ce que ie declare en peu de mots. Des six metaux spirituels & de leurs douze proprietez, l'argent en est composé en metal corporel auec rapport aux planetes & aux douze signes du Zadiaque. De Mercure & ♒ & ♓ la Lune tient vne fleur luisante & vne splendeur blanche. De ♃ ♂ ♉ la couleur blanche, vne grande resistance au feu, & fixité. De ♂ ♋ ♈ la durté & vn bon son. De ♀ ♊ & ♎ la coagulation & la ductilité. De ♄ ♉ & ♍, vn corps fixe auec la pesanteur. De ☉ ♌ & ♍ vne pureté sincere & vne grande constance contre la violence du feu. Voila vne briefue explication touchant l'exaltation & la cause de l'esprit & du corps d'argent, auec sa nature & son essence.

Il faut aussi sçauoir quelle matiere reçoiuent les esprits metaliques en leur premiere origine, laquelle ils tiennent de l'influẽce des cieux; cette matiere n'est que de la boüe ou de la pierre de nulle valeur ; le Mineur en brisant cette pierre, détruit le corps du metal, & le brule, dans laquelle mortification l'esprit metalique prend vn autre corps, qui n'est pas friable, mais qui est pur & malleable. En suite vient le Chymiste, lequel détruit ce corps metalique, & le prepare selon les regles de l'art; cét esprit metalique corporel prend derechef vn autre corps beaucoup plus noble & plus parfait, qui paroist au dehors, soit Soleil ou Lune. Et en suite l'esprit metalique & le corps estant parfaitement vnis sont exempts de la corruption du feu.

Dans ce sixesme chapitre Paracelse repete les paroles qu'il auoit souuent reïterées dans les precedens. A sçauoir que chaque metal visible cache en soy les autres spirituellement, & asseure qu'il est impossible que les metaux corporels se perfectionnent par la fonte; s'ils ne sont spiritualisez auparauant : comme ie l'ay souuent monstré. Mais il n'enseigne pas en termes exprés la maniere, dont ils doiuent estre spiritualisez & vnis ensemble. Aussi n'est-il pas raisonnable de mettre les morceaux tout machez dans la bouche des faineants. Paracelse ne veut pas que les metaux soient spiritualisez par les esprits corrosifs, par lesquels ils sont plustost corrompus que perfectionnez ; il ne faut pas aussi que cela se fasse dans des verres, mais dans des creusets en peu de temps : en cette maniere ils sont tellement épurez, qu'on peut voir au trauers soit dans ou hors le feu, se pouuant liquefier en quelque eauë que ce soit. Voila la veritable spiritualization des metaux, qui eſt lucratiue, ſi elle a toutes les conditions ſuſdites. Les Philoſophes l'appellent la premiere matiere des metaux, laquelle auiourd'huy n'eſt connuë que de fort peu de perſonnes. Nos Diſtillateurs ne connoiſſent point d'autres eſprits metaliques, que ceux qu'ils pouſſent dehors par l'alembic ou la retorte, leſquels ſont tout-à-fait inutiles à la melioration, comme il ſe voit par experience. Quoy que les anciens Philoſophes ayent écrit, qu'il faut rendre le fixe, volatil, & le volatil, fixe: ils n'entendent pas toutesfois que les metaux fuſſent éleuez, veu qu'ils ne pratiquoient point cette ſorte de ſublimation, ou diſtilation: mais ils faiſoient toutes leurs operations metaliques dans vn meſme vaiſſeau de terre, ſans employer les corroſifs, & ſans ſe ſeruir des verres. Dequoy nous parlerons ailleurs plus amplement.

Si on prend bien garde aux paroles de Paracelſe ſur la fin du Chapitre, on verra clairement qu'il n'entend pas que ce ſoit par la diſtilation qui ſe fait auec le verre, mais par la fuſion. Lors qu'il dit, que l'eſprit metalique deſcendant des cieux dans la terre, prend d'abord vne forme tres-vile & abiecte, qui eſt pierre ou bouë, que le Mineur luy en fait prendre vne meilleure en le détruiſant par la vehemence du feu, où il deuient metal malleable: En ſuite le Chymiſte prend ce corps metalique, le détruit, le tuë, & le prepare, afin qu'il luy donne vn autre corps plus noble & plus excellent, qui eſt l'or ou l'argent. La Lune eſt plus pure & plus que le cuiure, le fer, l'eſtain & le plomb, mais n'ayant pas encore attraint sa maturité, elle est en cõparaison du Soleil, comme la fleur, laquelle est bien plus noble que l'herbe, mais elle l'est moins que la semence qui est la plus parfaite partie de l'herbe. Et comme parmy les vegetaux les fleurs ont la couleur plus belle que la semence & que le fruit: de mesme la Lune abonde plus en teinture que le Soleil, ce que i'ay experimenté plusieurs fois. Mais quoy que la fleur surpasse la semence en beauté, couleur, & odeur; elle luy cede toutesfois en bonté & en durée: la fleur se flestrit aisément, mais la semence dure, & produit vne nouuelle herbe auec des fleurs & de la semence pour la conseruation de son espece. Et comme parmy les vegetaux l'herbe est plus grande que la fleur, & la fleur plus grande que la semence: La nature obserue le mesme ordre parmy les Mineraux. Si elle ne produisoit que des fleurs, & de la semence sans produire aucune herbe, D'où est-ce que les bœufs tireroient leur nourriture pour se remplir le ventre, & donner au laboureur du fumier, qui est necessaire pour produire de nouuelles herbes?

Il est indubitable qu'il y a plus de teinture dans la Lune que dans le Soleil; veu que le dedans intime de la Lune, n'est que rougeur; & le centre du Soleil tres-fixe & splendide est de couleur bleuë, ce qu'il faut bien remarquer.

Il n'est pas necessaire de rapporter icy les autres proprietez de la Lune, qui sont connuës de tout le monde: Elle doit estre comparée à la fleur, en ce qu'apres l'or elle tient le premier rang: de sa nature elle est entierement exempte du soulfre bruslant, mais n'estant pas encore procuite dans la perfection, elle n'est pas le plus propre vehicule des volatils, pour extraire l'or des Marcassites & des autres mines, & pour le rendre corporel. Dequoy nous auons parlé cy-deuant, & parlerons encore cy-apres.

SEPTIESME REGLE.

Du Soleil, de sa nature & proprieté.

L'Or est le septiesme metal corporel, composé des autres six spirituels, il est tout feu de sa nature; il paroist exterieurement beau, iaune, visible, sensible, pesant, froid, malleable: La raison est qu'il contient en soy la coagulation des six autres metaux, par le moyen de laquelle il a vn corps visible; & s'il est fondu par le feu elementaire, c'est qu'il tient sa fluidité de Mercure, des poissons & du verseur d'eau; ce qui paroist mesme au dehors.

Apres qu'il est fondu, si le feu vient à manquer, il se durcit & se coagule par le froid qui vient de dehors, & il tient cela des autres cinq metaux, de Iupiter, Saturne, & Mars, Venus & la Lune: Dautant que le froid domine en ces cinq metaux là. Et c'est pourquoy hors du feu, l'or ne peut pas estre fluide à cause du froid: & Mercure par sa chaleur & par sa fluidité ne le peut pas secourir contre la froideur des cinq autres metaux, pour le maintenir dans vne flueur continuelle, il est donc contraint d'obeïr plustost aux autres cinq qu'au seul Mercure, lequel n'a point de part à la coagulation des metaux, sa proprieté estant de rendre liquide, & non pas de durcir. C'est vn effet de la chaleur, & de la vie que de rendre liquide; & c'est vn effet du froid, que de rendre dur, rigide & immobile, en quoy il ressemble à la mort.

Si vous desirez rendre fluides les metaux froids, Iupiter, Venus, Saturne, Mars, Soleil & Lune, cela se doit executer par la vehemence du feu, dautant que c'est le propre de la chaleur que de dissoudre. Puis donc que Mercure est toûjours fluide & viuant, il y auroit de l'ignorance de dire qu'il tient cela de la froideur & de l'humidité, veu que la chaleur est semblable à la vie, & la froideur à la mort. L'or est veritablement vn feu de sa nature; non pas vn feu viuant & liquide, mais dur; sa couleur iaune meslée de rouge est vne marque de sa chaleur. Les cinq metaux froids l'estain, le fer, le plomb, le cuiure & l'argent, communiquent leurs vertus à l'or, par la froideur il est corps, par la chaleur il est de couleur iaune, par la seicheresse il est dur, par l'humidité il est pesant, par la splendeur il est sonnant: & s'il n'est pas détruit par le feu élementaire, c'est à cause qu'il est extremement fixe. Vn feu ne détruit pas l'autre, au contraire vn feu estant ioint à l'autre, en deuient plus fort & plus agissant. Le feu celeste que le Soleil enuoye dans la terre, n'est pas tel qu'il est dans le Ciel, ny tel que le feu élementaire terrestre, mais le feu celeste estant chez-nous, est froid, rigide, & congelé, & c'est ce qui forme le corps de l'or: c'est pourquoy nous ne pouuons pas doinpter l'or par nostre feu, nous le diuisons seulement & le fondons; de mesme que le Soleil dissout la nege & la glace.

L'or est essentiellement de trois sortes differentes, celeste, élementaire, & metalique. Le celeste & l'élementaire est liquide, & le metalique corporel.

Fin des sept Regles.

NOus voila à traicter du plus excellent de tous les metaux, qui est l'or, lequel Paracelse compare au feu, comme effectiuement on le reconnoist si on vient à le mettre en pieces. Mais que pouuons nous dire touchant sa melioration dont il n'a point de besoin; veu que la nature l'a mis dans le souuerain degré de perfection, & qu'elle ne le sçauroit porter plus auant. Pour en faire donc quelque chose de meilleur, il faut que ce soit vne medecine : car il n'y eut iamais de metal plus noble & plus precieux.

L'herbe dans vne bonne terre estant paruenuë à sa perfection par la chaleur du Soleil, perd sa forme & se flestrit, sa semence tombe; mais si on la recueille, elle se conserue longuement, & l'on la peut remettre dans la terre pour produire de nouuelles herbes, ou bien elle sert à la santé des hommes. De mesme on ne peut rien faire dauantage à l'or, que de le faire seruir de remede, ou de le remettre dans la terre metalique en qualité de semence, afin que se corrompant & s'augmentant il produise vn nouueau germe metalique. Personne n'ignore que de l'or, il ne s'en puisse faire que de bonne medecine en plusieurs façons, mais peu de gens en sçauent la methode. Paracelse & beaucoup d'autres Philosophes asseurent qu'en qualité de semence vegetable, il peut faire de l'augmentation par les metaux imparfaits : ce qui ne se doit pas seulement entendre de cette melioration particuliere, dans laquelle parmy les imparfaits, le semblable attirant son semblable reçoit de l'augmentation: mais encore parce que la force interieure vegetatiue, & la portion la plus pure, estant dépoüillée de ce qui la reuestoit peut estre separée par l'industrie d'vn bon metaliste, & peut estre exaltée au dessus de la perfection. Quoy que beaucoup de gens estiment cela incroyable, toutefois nous n'en pouuons pas douter, si nous ne voulons accuser de mensonge toute la Philosophie.

Quelqu'vn dira peut-estre qu'on a bien raison de douter d'vne œuure en laquelle tant de gens ont perdu leur temps & leur bien, & que toutes les propositions des Philosophes ne sont que visions & que mensonges. Ie pardonnerois volontiers à ces incredules, s'ils n'agissoient pas par vn principe d'enuie, & de malice, dautant que leur talent n'est pas de comprendre vn si grand secret de la nature ; car comment pourra vn aueugle iuger des couleurs, qu'il n'a iamais veuës ? Si quelques-vns ont perdu leur peine à chercher vainement le secret, cela ne fait rien contre la verité de l'art. Iamais vn pauure maheureux souffleur ne paruiendra à ces belles connoissances, il faut employer beaucoup de

temps,

temps, d'induſtrie, & de deſpenſe pour y réüſſir. Pour moy quoy que ie n'aye iamais trauaillé à vne choſe ſi haute & ſi difficile, ie croy pourtant que cela eſt dans la nature, & dans d'autres operations metaliques i'ay connu que l'art le pouuoit executer.

Dieu & la Nature ne ſont rien en vain.

LA Cité eternelle, ou le lieu eternel de toutes choſes ſans temps, ſans commencement & ſans fin, eſt toute par tout eſſentiellement : elle opere où il n'y a nulle eſperance: & ce que l'on iuge tout-à-fait impoſſible, ſe trouue veritable miraculeuſement.

Paracelſe apres auoir acheué ſes regles touchant la proprieté des metaux, commence à repeter & à declarer ſon opinion, donne courage à l'entreprenant, & l'exhorte de ne pas ſe rebuter ſi ſon ouurage ne réüſſit pas ſelon ſa volonté, alleguant que la nature ne trauaille point en vain, & que ce que l'on croit le moins, eſt ce qui arriue le plus, ſes paroles ſont claires d'elles-meſmes.

Tout ce qui blanchit eſt nature, de la vie, proprieté de la lumiere, laquelle eſt cauſe de la vie. Le feu auec la chaleur, donne naiſſance à ſon mouuement. Tout ce qui noircit eſt nature de mort, proprieté & force des tenebres, la terre & le froid ſont cauſes de ſa dureté & de ſa fixation. La maiſon eſt touſiours morte, mais l'hoſte eſt vn feu viuant. Si tu trouues le veritable vſage des exemples, tu es victorieux.

En cétendroit Paracelſe parlant de Mercure

dit que la chaleur du feu est cause de la vie & de la lumiere, & que le froid & ce qui noircit est cause de la mort: puis il adiouste ce peu de paroles qui sont d'importance. Brusle de grasses veruaines.

Prends huit lotons de sel de nitre, quatre lotons de soulfre, deux lotons de tartre, fons-les ensemble.

Icy commencent les plaintes des Chymistes sur ce que Paracelse écriuant d'vne chose si excellente, s'arreste si brusquement, & donne vn recipé lequel à leur iugement ne s'accorde pas auec le Mercure. C'est, disent-ils, pour nous tromper & pour nous faire de la peine qu'il a ioint à Mercure vne poudre propre à rendre liquide, c'est dequoy Mercure n'a pas besoin, veu qu'il est tousiours coulant: s'il nous eust enseigné comment il le faut fixer & coaguler, nous l'aurions volontiers écouté. Mais ces gens-là deuoient accuser leur stupidité, & non pas Paracelse qui estoit plein de bonne volonté: ses paroles precedentes l'excusent, quand il dit que Dieu & la Nature ne font rien en vain: par là il dõne à entẽdre que cette poudre n'est pas inutile à Mercure, quoy qu'il coule assez de luy-mesme: il est merueilleusement vtile, si on s'en sert bien à propos, comme nous apprennent encore ses autres paroles. Il opere où il n'y a point d'esperance; ce que l'on croit tout-à-fait impossible se trouuera vray miraculeusement.

Pourquoy auroit-il adiousté ce feu merueilleux, s'il n'eut pas esté necessaire? sans doute c'est qu'il sçauoit le secret de s'en seruir pour couper les aisles à Mercure, & pour l'empescher de s'enfuïr. Quoy que ie ne sçache pas le secret de fixer le Mercure, i'ay veu par experience des choses prodigieuses; & si les metaux, principalement mercure, sont ioints ensemble philosophiquement, sublimez & distilez, ils donnent des menstruës dignes d'admiration. C'est icy que Paracelse dit : Brusle de grasses veruaines.

Tout le monde sçait que le soulfre superflu qui est dans les metaux est cause de leur imperfection, & plus de valeur; Ce feu dont il est question, a le pouuoir de brusler ce soulfre. Or tout le monde ne peut pas sçauoir le secret. Il faut beaucoup de temps & de diligence, si tu veux qu'Icare vole auec son pere Dedale ; s'il approche trop du Soleil, il se bruslera les aisles, & tombera dans la mer où il sera submergé : En voila assez pour les sages. Passons outre.

Quant à la coagulation du mercure, il ne sert de rien de le tuër, de le fixer pour le reduire en Lune, ce n'est que perdre son temps & son argent. Il y a vne autre voye plus courte, par laquelle de mercure on en fait la Lune, auec peu de frais & sans trauail de coagulation. Tout le monde desire apprendre le moyen de faire en peu de temps de l'or & de l'argent, & l'on reiette les écrits qui n'en disent pas ouuertement la maniere; on seroit bien-aise de trouuer le moyen de s'enrichir. Mais c'est vne simplicité d'attendre qu'en peu de paroles on enseigne cela, & il est si asseuré que l'or & l'argent se font par le moyen de la Chymie, qu'il n'est pas plus necessaire d'en faire des Liures, que des neiges de l'an passé.

Paracelse continuë, & dit qu'il n'est pas necessaire de fixer le mercure pour en faire de l'or & de l'argent, semblable en cela à vn homme riche, lequel ayant oüy dire qu'il y auoit beaucoup de gens qui mouroient de faim, dit qu'auant que d'en venir à l'extremité, il aimeroit mieux se nourrir de lard & de legumes, croyant que les autres auoient en abondance de cette sorte d'alimens, qu'ils méprisoient par delicatesse, & que par consequent il estoit iuste qu'ils perissent. Ainsi le bon Paracelse s'imaginoit que tous les Chymistes l'égaloient dans la connoissance des metaux, sans songer qu'il y a tant de pauures souffleurs de charbon qui tourmentent Mercure par la solution, precipitation, sublimation, fixation, & autres trauaux inutiles, sans connoissance de ce qui abonde en luy & de ce qui luy manque.

Le Mercure est vn suiet d'admiration qui ordinairement trompe les Chymistes: mais si vous le voulez tromper à vostre tour, lors que vous le tourmentez il luy faut donner de la respiration, il le faut laisser vn peu égayer: car il ne souffre point la contrainte. Mais aussi ne vous fiez pas trop en luy, de peur qu'il ne s'enuole. Pour cette operation il sera à propos de faire le premier fourneau auec des verres bien aiustez. Enfin sans employer vn long discours, c'est vn suiet tout-à-fait admirable, & ie l'ay tousiours connu fort rebelle & obstiné parmy les metaux. Ie croy pourtant que si quelqu'vn le sçauoit bien gouuerner, il en tireroit vn profit tres-conside-rable; mais qui nous en monstrera le chemin? Il faut qu'il nous reste tousiours des miracles in-connus, & quoy que nous ne sçachions pas tou-tes choses, nous deuons toutefois rendre graces à Dieu des connoissances que nous auons.

Receptes de la Chymie.

QVe dirons-nous de quantité de receptes & de vaisseaux? tels que sont les fourneaux, les verres, les pots, les eaux, les huiles, les sels, les soulfres, l'antimoine, le magnifica, le sel de nitre, l'alun, le vitriol, le tartre, le borax, l'atra-ment, l'orpiment, le sein de verre, l'arsenic, la pierre calaminaire, le bol Armenien, la terre rouge, la chaux, la poix, la cire, le lut de sapien-ce, le verre broyé, le verd de gris, le sel armoniac, la suye de pin, la craye, la matiere fecale, le poil, les coques d'œufs, le lait virginal, la ceruse, le minium, le cinabre, le vinaigre, l'eau forte, le crocus de Mars, l'elixir, l'azur d'outre-mer, le sauon, la tutie. Qu'est-ce que c'est que prepa-rer, putrefier, digerer, prouuer, sublimer, cal-ciner, dissoudre, cimenter, fixer, reuerberer, coaguler, graduer, rectifier, amalgamer, purger? Les Liures des Chymistes sont tous remplis de telles choses; comme aussi d'herbes, racines, se-mences, bois, pierres, animaux, vers, cendres d'ossemens, de coquilles, de moucles, &c.

Ce sont des ambiguitez & des trauaux inuti-les de la Chymie; & quand mesme l'or & l'ar-gent se pourroient faire par ce moyen, la multitude empescheroit plustost l'ouurage qu'elle ne l'auanceroit. C'est pourquoy il faut reietter tous les enseignemens qui ne monstrent pas que l'or & l'argent se font auec les cinq autres metaux.

Mais quelle est donc la veritable & courte maniere de faire aisément de bon or & de bon argent ? Pourquoy tardez-vous à nous la declarer ? ie croy que vous n'en sçauez rien, & que vous nous ioüiez par ces ambiguitez. Ie répons que cela a desia esté dit, & qu'il est assez éuident dans les sept Regles, celuy qui ne le comprend pas, est tout-à-fait hors d'esperance. Que personne ne se persuade folement, que la chose doit estre aisée & connuë de tout le monde ; il n'est pas iuste que cela soit ainsi. Mais on entendra encore mieux par vn sens caché. Voicy le secret de l'art. Si tu veux faire courir sur la terre, le Ciel de Saturne auec la vie, adioustes-y tous les planetes, ou ceux qu'il te plaira, mais qu'il y ait moins de Lune que des autres. Fay-les courir si long-temps que le Ciel de Saturne disparoisse entierement. Les planetes restent tous seuls, estant morts auec leurs anciens corps corruptibles, & ils ont pris vn corps nouueau, parfait, & incorruptible : ce corps, c'est l'esprit du ciel, par lequel les planetes deuiennẽt derechef corporels & viuans comme auparauant. Oste ce corps nouueau de la vie, & le garde, car c'est le Soleil & la Lune. Voila l'art découuert, si tu ne l'entends pas bien encore, il ne faut pas que la chose soit publiquement diuulguée.

Dans ce Chapitre, Paracelse enseigne que pour la transmutation des metaux, on n'a pas besoin de tant d'especes ridicules, mais seulement des mesmes metaux vnis ensemble methodiquement : Il est vray qu'en certaines operations on ne se peut pas passer de sels & de mineraux, pource qu'ils sont necessaires à ramollir la dureté des metaux, & à les disposer à la perfection. Mais il faut bien prendre garde, de n'employer que les choses qui sont amies des metaux, & non pas les corrosifs. On peut aussi dans la fusion, liquidation, separation & autres operations metaliques, se seruir vtilement d'autres mineraux & fossiles. Ce que Paracelse ne nie pas, mais seulement il condamne les ridicules compositions des Chymistes ignorans, lesquelles sont ennemies des metaux.

En suite il enseigne, mais par vn sens caché, comment on peut tirer de bon or & de bon argent, des metaux imparfaits ; & cela si obscurement, qu'il n'y a que les sçauans qui y connoissent quelque chose. Il est constant que le procedé de Paracelse a fait bien de la peine à beaucoup de gens, lesquels n'ont pas reüssi, & qu'il y en a d'autres lesquels par hazard ont découuert la verité. C'est ainsi qu'il arriue souuent, qu'vn homme ayant perdu la chose qu'il cherchoit, en rencontre fortuitement vne autre qui vaut beaucoup mieux : qui est-ce qui nous eut iamais enseigné la blancheur dans le plomb noir, la verdeur dans le cuiure, la rougeur dans le fer, & dans le vif-argent, si nous ne l'eussions remarqué par accident ? Ainsi est-il venu à ma connoissance beaucoup de choses que ie n'auois point cherchées, & i'ay plustost appris l'art de Paracelse par mes operations, que dans ses écrits. Qui est-ce qui pourra dire certainement quelle a esté son opinion?

Il y a beaucoup de gens qui tirent au blanc, mais il y en a peu qui donnent dedans. Il est mesme necessaire d'employer d'autres choses outre les metaux susdits Ce que Paracelse nous indique dans le procedé qu'il a prescrit, en ces termes : lorsque tu feras courir en terre, le ciel ou sphere de saturne, auec la vie, mets-y tous les planetes ou tels qu'il te plaira, pourueu qu'il y ait moins de Lune, que des autres. De ces paroles on peut aisément coniecturer, qu'il y doit auoir plus de Saturne que de tous les autres, afin qu'ils en soient lauez & purifiez. Mais quelqu'vn demandera, pourquoy la Lune estant pure d'elle-mesme, & n'ayant nul besoin d'estre lauée, doit-elle auoir part en cette separation? Il a desia esté répondu ailleurs en quelque lieu, que la Lune attire à soy l'or qui est desia laué, purifié & tendre, qu'elle le defend, & le rend corporel, sans quoy il demeureroit parmy les scories. Toutesfois cette separation se peut faire sans Lune, mais elle n'est pas si lucratiue.

Il n'est pas aussi necessaire que les metaux soiẽt ioints, pour estre lauez ensemble auec saturne; ils peuuent estre pris & nettoyez chacun à part: si ce n'est que le Chymiste estant fort experimenté sçache si bien faire sa composition, que l'œuure en soit facilitée & qu'elle donne plus d'or; ce qu'il faut bien remarquer si vous n'y mettez que fort peu d'argent, ou si vous n'y en mettez point du tout: car si vous n'y mettez point d'argent il y faut mettre du cuiure lequel approche fort de l'argent, & attire des metaux imparfaits, l'or volatil, & non encore meur, le defend & conserue dans le feu, mais non pas si puissamment que l'argent. Il est vray que l'estain & le fer qui sont des metaux tres-impurs & tres-rudes, se pourroient lauer auec le plomb, & estre dépoüillez de leur or spirituel & caché; mais outre que cela est tres-difficile, il y faudroit encore plus de despense, que si on y auoit employé l'argent ou du moins le cuiure. Si nous auons cette connoissance, pourquoy ne donnerons-nous pas à chacun l'addition qui luy est necessaire, pour réüssir plus vtilement & plus promptement? Certes il faut parfaitement sçauoir l'assemblage & le meslange des metaux qu'on doit lauer heureusement auec Saturne, peu de gens en connoissent l'importance, & moy-mesme ne la croyois pas telle qu'elle est, si ie ne l'eusse experimenté à mon dommage. Car il y a quelques années que cherchant dans cette operation, & n'ayant pas assez bien obserué le poids ny le degré du feu, i'ay esté souuent contraint de reiterer mon trauail, & me suis lourdement abusé. Toutefois ie ne me répens pas du temps & de la peine, ayant découuert des biens assez considerables; ie n'ose pas me vanter, d'auoir rencontré ce qu'il y a de plus excellent; mais il se faut contenter de ce que l'on a, ne fut-ce qu'vn petit morceau de pain. Il ne faut pas perdre courage, les choses de prix ne vont pas si viste, les boutons sont tous entourez d'espines, auant que les roses en sortent. Si tu as bien compris les poids, l'affaire est faite, & tu pourras trauailler hardiment & en grande quantité.

Paracelse poursuit, disant que les planettes adioustez courent auec le ciel de Saturne, tant que ledit ciel de Saturne s'éuanoüisse. Les planetes prendront vn nouueau corps, emportant de la vie & de la terre, ce qui sera Soleil & Lune. Ces paroles ont esté interpretées diuersement, principalement touchant le ciel de Saturne, par ceux qui s'imaginoient, qu'il ne faloit que sçauoir ce que c'estoit, pour iuger de tout le reste. Plusieurs croyent que c'est la vulgaire separation faite par le Saturne, prenant le regule estoilé de l'antimoine, lequel represente vne estoile, & l'ont fait exhaler auec la vie, qu'ils croyent estre le feu, dans la terre, qui est la coupelle ou vaisseau de terre, laissant les corps des metaux mortifiez, puis par le moyen de la flueur les ont reduits, & fondus auec le plomb, & s'en promettant de l'or & de l'argent ils ont trouué qu'ils s'estoient abusez, ont declamé contre Pacelse comme contre vn sophiste & vn imposteur, dautant que par ses écrits, ils n'ont pas eu la connoissance des poids. On peut expliquer diuersement ce que c'est que le ciel de Saturne. On pourroit raisonnablement dire que c'est le plomb vulgaire, dautant qu'estant fondu il reluit & tourne; ou mesme le verre du plomb, lequel estant fondu reluit comme le Soleil: ou bien le regule estoilé de l'antimoine, dautant qu'estant rompu il represente vne estoile par ses morceaux. Mais que te seruiroit-il de connoistre le ciel de Saturne, si tu ne connoissois pas la veritable vie qu'il demande, ny la reduction des corps morts, & reduits? le feu vulgaire, n'est pas la vie dont Paracelse fait mention, mais elle peut estre excitée par le moyen de ce feu vulgaire. Il dit ces paroles : pour ce mouuement le feu par sa chaleur est la naissance de la vie. Si la vie n'estoit autre chose que le feu élementaire & la course, rien que la separation de Saturne ou reduction en scories du regule de l'antimoine. Il faudroit aussi aduoüer necessairement, que les corps détruits qui sont demeurez, sont deuenus plus parfaits, & que l'esprit du ciel est encore en eux, lors qu'il dit que les planetes deuiennent viuans & corporels comme auparauant, ce qui ne se trouue pas dans leur separation & scorification, puis que leurs corps demeurent en forme de scories, dans lesquelles il n'y a ny esprit ny vie, beaucoup moins y trouue on de l'or ny de l'argent, quelque diligente recherche qu'on en puisse faire.

Paracelse dit en termes exprés. Ce corps, à sçauoir des corps morts, est l'esprit du ciel, par le moyen duquel les planettes deuiennent derechef viuans & corporels ; ce qui nous enseigne que ces corps spirituels, ne deuiennent pas seulement corporels, & ressuscitez; mais qu'ils peuuent encor redonner la vie aux corps mortifiez, ce qui ne se peut pas dire de ceux-cy, pource qu'ils ne sont pas spirituels, veu que l'esprit doit estre penetratif & viuifique, & que ceux-cy ne sont pas de cette sorte : car s'ils doiuent rappeller à la vie & à la corporalité les corps morts, il faut qu'ils ayent vne vertu caché e, par laquelle sans le secours des flueurs estrangeres ils doiuent monstrer qu'ils peuuent promptement donner la vie & la corporalité, autrement il les faut reietter.

Que si quelqu'vn s'imagine que les metaux ayant esté priuez de vie par le feu, & qu'estant deuenus derechef spirituels, corporels & viuans, ils soient incontinent transmuez en or & en argent, il se trompe par vne vaine esperance, se fondant sur ce que Paracelse dit, ce nouueau corps tiré de la vie & de la terre, garde-le, pource que c'est de l'or & de l'argent: car il est mesme impossible à la pierre philosophale de conuertir tout le corps des metaux en or & en argent. Les Philophes disent, que de rien, rien ne se fait, & cela est indubitable. Il n'y a que Dieu qui de rien puisse faire quelque chose; mais ce qui a esté quelque chose, ayant esté fait rien par le moyen de l'art, peut derechef estre fait quelque chose. Comme donc la plus grande partie des metaux ne soit qu'vn soulfre inutile, bruslant & nuisible, qui iamais n'a esté metal, mais qui leur est attaché par le dehors, il brusle leur humide radical, & le reduit en scories; & c'est cét humide radical, lequel seul apres la destruction, & non toute la masse du metal, ny le soulfre superflu, de rien est remis en quelque chose par l'esprit de saturne, c'est à dire, est fait corporel & viuant; le soulfre qui deuant la corruption n'estoit rien, n'estant rien aussi apres la mesme corruption. Si nous considerons la chose auec attention nous verrons clairement que cela est veritable. Si dãs cette operatiõ on doit separer les metaux imparfaits, aſſembler les parties plus pures, & diſperſer les impures, il faut neceſſairement que les parties ſeparées ſoient tout à fait diſſemblables : car dautant que l'or & l'argent ſont plus purs en comparaiſon du metal imparfait dont ils ont eſté tirez, dautant plus eſt impure cette partie qui reſte du metal dont ils ont eſté tirez. Cette ſorte de ſeparation n'eſt pas de meſme que la diuiſion d'vn tout en deux parties égales, comme ſi quelqu'vn partageoit dix ducats en deux parties, chacune en aura cinq de meſme poids & valeur ; ſi d'vne partie vous en oſtez deux ou trois & que vous les adiouſtiez à l'autte, ils rendront celle-cy dautant plus grande que l'autre ſera plus petite: que ſi vous en adiouſtez neuf à celle-cy, & que vous en laiſſiez ſeulement vn à l'autre, celle-là ne ſe vantera pas d'eſtre ſuperieure en qualité, mais ſeulement en quantité : mais il en arriue autrement dans noſtre affaire, veu que la ſeparation ſe fait auſſi bien dans la qualité que dans la quantité. De meſme que ſi quelqu'vn diuiſoit en deux parties égales vne mine où il y eut du metal meſlé auec de la pierre, & qu'en ſuite les meſlant enſemble il les lauaſt auec de l'eau qu'il auroit répanduë deſſus, ſeparant les plus legeres parties de la terre d'auec les plus peſantes du metal qui demeure au fond, chaque partie ainſi ſeparée, ne laiſſera pas de faire la meſme meſure, mais elles ſeront fort differentes en bonté.

Ou ſi quelqu'vn vouloit ſeparer deux bouteilles de vin par la chaleur du feu dans vn alembic de verre, attirant l'eſprit le plus excellẽt, laiſſant vne bouteille dans la cucurbite, ces deux parties quoy qu'égales en quantité, seront toutefois bien differentes en bonté; le vin de l'vne estant plus noble que l'autre. Et comme le residu estant priué d'esprit, de vie & de forces, n'est plus vin, & ne se peut garentir de la mort & de la corruption, à laquelle l'esprit n'est point suiet, au contraire il en preserue les autres choses: Il en est de mesme de cette separation des metaux. Le residu dont l'or a esté separé, n'est plus estain, cuiure, ou fer; mais seulement vn soulfre grossier & terrestre.

Et d'autant que l'esprit est plus excellent que le vin, & l'or plus excellent que le metal imparfait; dautant aussi seront plus excellens l'esprit de vin, & l'or, s'ils sont derechef separez, & qu'ils quittent de nouuelles feces. Mais il suffit en cét endroit d'auoir indiqué, quelle est la methode de la separation, dont nous venons de parler. Ce qui nous enseigne, que ny tout le metal entierement, ny mesme la moitié, ou autre partie, n'est changée en or, & que l'autre conserue sa nature de metal; mais que la separation se fait du pur, qui est en tres-petite quantité, d'auec l'impur, qui est en tres-grande. Et il ne faut pas s'imaginer que ce soit la faute de l'art ny de nostre connoissance, si tout n'est pas conuerty en or. C'est beaucoup qu'il y en ait vn peu, & que le trauail ne soit pas tout-à-fait inutile. Nous viuons de plusieurs choses, & nous subsistons de peu. Chacun se doit mesurer à son aulne. Dieu ne comble pas tous les hommes d'or & d'argent, mais quelques-vns ont en partage la boue, & les excremens, au dire de Paracelse.

Que vous diray-ie dauantage de l'œuure separatoire, par le moyen de laquelle l'or & l'argent sont extraits des metaux imparfaits auec le Saturne, & de laquelle il ne faut point douter, veu que ie l'ay si souuent experimentée? Voulez-vous que ie vous promette de vous enrichir? Moy qui ne m'en suis pas enrichy, ie ne le puis ny ne l'ose faire, de peur que venant à manquer par vostre sottise, vous ne m'accusiez de mensonge & de tromperie. Le plus seur est donc d'indiquer que la chose est possible, & de quelle façon on y doit proceder. Ie n'ay iamais fait cette operation en grande quantité auec lucre sans coupelles, & mesme ie n'ay pas eu lieu de l'essayer, ie suis toutefois tres-persuadé que la chose se peut faire en grande quantité.

En quelle maniere doiuent estre coniurez les chrystaux.

CONiurer n'est autre chose qu'obseruer exactement vne chose, & connoistre parfaitement ce qu'elle est. Le chrystal est vne figure de l'air, dans laquelle paroist tout ce qui est dans l'air soit mobile ou immobile, comme dans les miroirs & dans l'eau.

Ie ne comprens pas bien la pensée de Paracelse touchant la coniuration des chrystaux, pource que cela ne regarde pas l'art metalique. Toutefois il n'y a pas d'apparence qu'il en ait traicté sans quelque raison. Nous lisons que les anciens Philosophes Payens ont coniuré les chrystaux, & qu'ils y ont veu plusieurs choses merueilleuses. Que cela soit vray ou non, ie m'en rapporte, dautant que ce n'est pas vn art naturel, & qu'à mon aduis il y a de la magie diabolique, dequoy ie ne me mets point en peine. Paracelse a écrit aussi en d'autres endroits touchant ces miroirs admirables, & en a enseigné la façon par l'assemblage des metaux à certain temps, & sous certaines constellations; ce que plusieurs ont essayé, mais ie ne sçache pas qu'aucun y ait iamais reussi. On pourroit dire apparemment que par cette coniuration de chrystaux Paracelse a voulu dire, que pour rendre les metaux spirituels, & pour en extraire l'or & l'argent, il les faut premierement rendre semblables à vn chrystal diaphane à l'eau, ou à l'air, dans lesquels on voye reluire l'ame du metal. En ce sens il s'accordera auec ce qu'il a dit aux chapitres precedens. Il semble mesme qu'il a fait mention de cecy en faueur de ceux, lesquels voulant faire la separation par le moyen de Saturne, trouuent par experience, que les metaux doiuent estre reduits en chrystaux, auant qu'ils rendent leur or, & leur argent. Nous n'en dirons pas dauantage, en ayant parlé plus au long en parlant des amauses.

Ceux-là sont conuaincus qui croyent que le Mercure est d'vne nature froide, & humide. Cela n'est point, au contraire il est remply d'vne grande chaleur & humidité, laquelle luy estant naturelle le rend continuellement fluide. Car s'il estoit de nature froide & humide, il seroit tousiours dur, comme de la glace, & il faudroit

le fondre

le fondre par la chaleur du feu, comme les autres metaux : dequoy il n'a pas besoin ; dautant qu'il tient sa fluidité de sa chaleur par laquelle il est contraint de viure tousiours, & par le froid de mourir, durcir, se congeler & fixer. Il faut bien remarquer que les esprits des metaux qui sont ioints dans le feu principalement, sont mercures extremement émeus & troublez, se communiquant, reciproquant leurs forces pour paruenir à la victoire & à la transmutation : ils s'ostent l'vn à l'autre la force, la vie, & la forme, pour s'en donner vne nouuelle, & pour se changer dans la perfection & dans la pureté.

Mais que faut-il faire, afin que mercure estant priué de sa chaleur & de son humidité reçoiue vn grand froid, par le moyen duquel, il se congele, & meure ? faites ce qui s'ensuit.

Prenez vne boite d'argent tres-pur, enfermez-y le mercure, remplissez vn pot de plomb fondu, & mettez vostre boite auec le mercure au milieu de ce pot, qu'il coule vn iour tout entier, le mercure perdra sa chaleur occulte, & la chaleur externe luy fera auoir la froideur interne du plomb & de l'argent qui sont de nature froide, par le moyen de laquelle froideur le mercure se congele, se roidit, & se durcit. Il faut remarquer, que le froid dont mercure a besoin pour durcir, n'est pas perceptible par le dehors, comme celuy de la neige ou de la glace, mais qu'au contraire il est chaud. La chaleur aussi qui rend mercure fluide ne se sent point à l'attouchement, au contraire elle est plustost froide. De là les Sophistes, c'est à dire des hommes qui parlent sans connoissance, publient qu'il est froid & humide, & taschent de le fixer par des choses chaudes, lesquelles sont plus propres à le fondre qu'à le condenser, comme il se voit par experience.

La veritable chymie laquelle par les principes d'vn seul art enseigne à faire l'or, & l'argent, des autres cinq metaux imparfaits, ne se sert point d'autres receptes que des metaux mesmes dans lesquels se trouuent la Lune & le Soleil.

Icy Paracelse monstre l'erreur de ceux qui disent que le mercure est froid de sa nature, quoy qu'il ne soit rien qu'vn feu ; & reuient aux metaux spiritualisez, lesquels estant excitez par la vehemente chaleur du feu agissent les vns contre les autres, se changent & se perfectionnent.

Il adiouste l'inuention de fixer le mercure, non pas en sens literal, mais il traicte d'vne Lune spirituelle, & d'vne voye humide par laquelle il doit estre coagulé, quoy que les autres metaux soient coagulez par vne voye seiche, & ie n'ay iamais essayé cette voye humide.

Il conclud par vne regle vniuerselle de la transmutation, disant : les metaux parfaits se font des metaux, par les metaux, & auec les metaux ; & il ne se faut pas estonner si l'argent se tire des vns, & l'or des autres ; mais il ne desire pour cette operation que des suiets metaliques ; des vns on en tire seulement de l'argent, des autres seulement de l'or, & de quelques-vns de l'or & de l'argent ensemble. Ce que i'ay tressouuent experimenté. Comme le plomb ne donne de soy que de l'argent seulement ; l'estain, le cuiure, le fer, de l'argent, & de l'or pur, & quelquefois selon la proportion du meslange auec les autres metaux, il donne de l'or seulement, quelquefois ils n'en donnent qu'vn peu, & quelquefois rien : cela est merueilleux, il le faut neantmoins attribuër au trauail & au meslange.

Quelle est la matiere necessaire, & quels sont les instrumens de la Chymie.

LEs choses les plus necessaires sont le fourneau, le charbon, le soufflet, les pincettes, le marteau, le creuset, le pot de terre, la coupelle faite de bonne cendre de fouteau. Mettez ensemble le plomb, l'estain, le fer, l'or, le cuiure, mercure & la Lune, que cela soit iusques à la fin du plomb.

Il est tres-difficile de chercher les metaux, & les mineraux dans la terre & dans les pierres : mais dautant qu'il les faut premierement chercher & tirer hors de la terre, ce trauail n'est pas à mépriser : le desir de foüiller dans les minieres ne cessera non plus, que celuy que les ieunes hommes ont pour les filles. Autant que les abeilles sont auides de faire du miel & de la cire, des roses & des autres fleurs ; autant l'homme doit il estre porté à foüiller dans les entrailles de la terre pour y trouuer les metaux, mais sans auarice : celuy qui a trop de conuoitise, reçoit le moins. Dieu ne remplit pas tous les hommes d'or & d'argent, mais de bouë de misere, & de calamité.

Dieu a aussi donné à certains hommes vn entendement particulier, & vne connoissance tres-parfaite des mines & des metaux : de sorte que sans en venir au trauail de foüiller dans les minieres, ils sçauent tirer l'or & l'argent des autres cinq metaux imparfaits ; des vns plus, & des autres moins.

Notez aussi que l'or & l'argent se font aisément du vif argent, du plomb, de Iupiter, de l'or & de l'argent : mais difficilement du fer, & du cuiure : il est toutefois possible, mais il faut que ce soit par le principe & par l'addition de l'or & de l'argent.

De la magnesie, & du plomb, on en tire la Lune.

Du cuiure & du cinabre, il en sortira de pur or.

Vn homme d'esprit peut si bien manier les metaux par vne preparation conuenable, qu'il auancera plus leur transmutation & perfection par son industrie, que tous les signes & planettes du Ciel. Il est mesme superflu de calculer les mouuemens des signes & des planettes, il ne sert de rien d'obseruer les heures de tel & tel planette droit ou gauche, toutes ces choses n'auancent ny ne reculent le trauail de personne ; car si tu sçais bien l'art & la possibilité, tu n'as qu'à trauailler à ta commodité : que si tu manques de connoissance & d'exercice, tous les signes & tous les planettes te manqueront aussi.

Il arriue aussi par fois que les metaux pour demeurer trop long-temps à terre, ne sont pas seulement roüillez, mais qu'ils retournent en nature de pierre, comme il s'en trouue quantité, ausquels on ne prend pas garde. Car on trouue souuent des monnoyes antiques, lesquelles estoient autrefois des metaux, & sont à present changées en pierre.

Icy premierement Paracelse nous enseigne que pour faire l'or & l'argent, nous n'auons besoin ny de beaucoup d'instrumens ny de beaucoup d'especes : mais qu'il faut seulement ioindre les metaux & qu'il les faut lauer, non pas d'vne separation ou bain vulgaire : car quand mesme vous laueriez tous les metaux auec le plomb, il ne restera pourtant rien dauantage que l'or & l'argent qui auoient esté pris au commencement : les autres descendent partie auec le plomb dans la coupelle, partie demeurent en forme de scories. Il nous enseigne donc derechef la spirituelle mixtion, & la separation philosophique.

Il adiouste qu'il est honeste, bon, & necessaire de tirer les metaux hors des entrailles de la terre : mais qu'il est plus auantageux de separer l'or & l'argent des imparfaits. Et certes il a raison. Car tous ceux qui s'adonnent aux metaux sçauent bien auec quels dangers, quels soins & quelles despenses, il les faut tirer hors de la terre; il est vray que si le trauail réüssit, les pauures peuuent deuenir riches en peu de temps. La rencontre des mines est toute hazardeuse & fortuite, on y peut gagner, & on y peut perdre également: la chose est de grande despense, que toute sorte de gens ne peuuent pas soustenir, elle n'est propre qu'à ceux qui ont beaucoup à perdre, & qui ont tousiours du pain à manger. Si ce n'est qu'vn pauure rencontre par hazard vn sable ou vne terre feconde en or, en argent ou en autres metaux, qui le puisse nourrir en faisant la separation : ou qu'il s'associe vn riche pour fournir les frais necessaires à faire foüiller dans quelque riche veine ; comme il est arriué tres-souuent. De quelque façon que cela soit, il y a bien de l'incertitude : quant à la metalurgie dont Paracelse parle en cét endroit, elle est de beaucoup preferable à l'autre, si Dieu fait la grace à vn homme de tirer l'or & l'argent des metaux qu'on trouue à vendre par tout, sans qu'il craigne les inondations, les spectres, & les autres incommoditez des mines. Quelles richesses l'Allemagne n'auroit-elle pas gardé deuers soy durant vne si longue guerre, si elle eut eu des gens versez en cét art de la separation des metaux ? dautant qu'ils ont esté tirez des minieres auec plus de peine & auec plus de despense, dautant ont ils esté vendus & se vendent encore aux estrangers à plus vil prix, pource que personne n'en sçait le veritable vsage. Nous deurions rougir de honte d'estre à present inferieurs aux autres nations par nostre faineantise, nous qui les auons autrefois surpassées en sincerité, foy, vertu, esprit & industrie. Neantmoins il ne s'en faut pas estonner, veu que le Magistrat n'appuye pas comme il deuroit les Chymistes experimentez qui recherchent les secrets de la nature. Il faudroit faire distinction entre les honestes gens, & les trompeurs & vagabonds, & miserables charlatans, qui pretendent enseigner la Chrysopée, & n'ont aucune connoissance des choses metaliques. Le veritable Chymiste n'ose pas se découurir, de peur qu'on ne la compare à ces Saltinbanques. D'où vient que la Patrie est frustrée de beaucoup de commoditez. Toutefois si Dieu me donne la vie & le loisir, i'ay resolu de faire vn Liure, dans lequel ie monstreray combien l'Allemagne abonde en richesses cachées, en quoy elles consistent, & comment il les faut tirer du sein de la terre. L'Allemagnè est pourueuë de diuerses mines par dessus toutes les autres regions, elle a du bois en abondance, elle a toutes les choses necessaires pour y trauailler: il ne luy manque que des hommes affectionnez à la patrie, & qui en prenent le soin pour le bien commun. Pourquoy sommes nous venus à ce point de folie d'enuoyer nostre cuiure en France ou en Espagne, pourquoy nostre plomb en Flandre & à Venise, de qui nous achetons le verd de gris, & la ceruse qu'ils ont faite de ce mesme plomb? Nostre bois, nostre sable, nos cendres, ne sont-elles pas aussi propres à faire des verres de chrystal, que celles de France ou de Venise?

Il y a chez nous quantité d'autres choses qui égalent ou surpassent en valeur celles des estrangers, qui sont entierement negligées, au lieu de vendre aux estrangers que nos biens superflus, nous leur portons nostre argent, & nous deuenons pauures pour les enrichir.

O que si l'Allemagne estoit bien gouuernée, elle receuroit de commoditez de ses voisins! Certes lors que Dieu a resolu de chastier vne

Prouince, il luy oste les hommes d'esprit & de iugement, lesquels il luy donne, s'il a dessein de la faire prosperer. Quelle est la cause de l'opulence de Venise & d'Amsterdam, sinon que ces deux puissantes Villes attirent & entretiennent les hommes sages & industrieux, par l'inuention desquels ils ont porté leur commerce chez les autres nations, & vendant leurs marchandises, ils ont remply leur patrie d'or & d'argent? Il vaut mieux auoir dequoy vendre, que dequoy achepter. Qu'est-ce qui fait besoin à l'Allemagne, qu'elle n'ait receu de Dieu auec largesse, si elle le sçauoit connoistre. La mode est venuë de boire & de manger excessiuement; de sorte que ceux-là mesme qui à peine ont du pain à manger, dissipent le peu qu'ils ont dans vne honteuse desbauche: il n'y a presque personne qui cultiue les arts & les sciences, tout le monde aime la faineantise; d'où vient que Dieu adiouste playe sur playe, & il est à craindre que si nous n'appaisons sa colere par vne serieuse repentance, nous ne sentions encore de plus grands maux, dont sa clemence veüille nous preseruer.

Pour reuenir à mon suiet, dans le dessein que i'ay eu d'éclaircir les écrits de Paracelse qui a tres-bien merité de la patrie; ie vous ay dit & vous le repete encore, ce qu'il enseigne touchant les metaux, dont l'or & l'argent sont extraits, des vns facilement, & des autres auec difficulté; mais tousiours leur adioustant de l'or & de l'argent, afin que par ce mélange, il rende corporel & fixe, l'or & l'argent qui est dispersé & volatil dans les metaux imparfaits.

Il adiouste en suite, que si les metaux demeurent trop long-temps sur terre, ils se corrompent, & retournent en pierre & en terre, dont ils auoient tiré leur origine. Ce qui arriue aussi à l'homme, & à toutes les creatures, n'y ayant rien au monde qui ne soit vain & perissable, à la reserue de la connoissance, de l'amour, & de la crainte de Dieu.

Ce que c'est qu'Alchymie.

L'Alchymie, est vne pensée, imagination, inuention, par laquelle les especes des metaux passent d'vne nature en l'autre. Chacun donc tasche d'inuenter, & de paruenir à la connoissance de la verité par la speculation.

Il faut remarquer, que les astres & les pierres, ont vn grand pouuoir : dautant que les astres sont les esprits, & donnent la forme aux pierres. Le Soleil & la Lune à proprement parler ne sont autre chose en eux-mesmes que des pierres, dont celles de la terre tirent leur naissance, comme estant la brusleure, le charbon, la cendre & l'excrement de celles du ciel, lesquelles estant purgées & separées sont claires & resplendissantes. Et tout le globe de la terre n'est qu'vn amas de pierres tombées, brisées, recuites, mises en vne masse, ayant repos & consistance au milieu du cercle du firmament.

Il faut aussi remarquer que les pierres precieuses, que ie nommeray cy-dessous, sont engendrées auec les autres pierres, & données à la terre par les pierres celestes, desquelles elles approchent en netteté, beauté, éclat, vertu, constance, & incorruptibilité dans le feu; & qu'aussi par ce moyen elles sont en quelque façon semblables aux astres, dont elles sont des parcelles, que les hommes trouuent dans vn vaisseau impur & grossier. Le vulgaire qui est tousiours vn mauuais iuge, croit que le lieu où l'on les trouue, est celuy de leur naissance. Apres qu'on les a polies on les porte par tout le monde, & on les estime comme de grandes richesses à cause de leur forme, couleur, vertus & proprietez, que ie m'en vay vous déduire.

Les Pierres precieuses.

L'Emeraude est vne pierre verte & transparente, elle réjouït la veuë, aide à la memoire, garde la pudicité, laquelle estant offensée, elle se ressent de cette iniure.

Le Diamant est vn chrystal noir, on l'appelle Euar, à cause qu'il donne de la ioye. Il est obscur, & de couleur de fer, il est tres-dur, il se dissout auec le sang de bouc, & ne passe pas la grandeur d'vne noisette.

L'Aimant est la pierre du fer, dautant qu'elle l'attire.

La Marguerite est vne perle, & non pas vne pierre, elle naist dans les écailles, sa couleur est blanche. Car tout ce qui naist dans les animaux, dans l'homme & dans le poisson n'est pas proprement pierre, quoy que le vulgaire suiuant la connoissance des sens iuge que c'est vne pierre.

C'eſt à proprement parler vne nature deprauée, ou changée, ſur vn ouurage parfait.

La Iacinte eſt vne pierre blonde, tranſparente; c'eſt auſſi vne fleur que les Poëtes diſent fabuleuſement auoir eſté vn homme.

Le Saphir eſt vne pierre bleuë de nature celeſte.

Le Rubi, eſt vne pierre tres-rouge.

L'Ecarboucle eſt vne pierre ſolaire, dont l'éclat eſt ſemblable à celuy du Soleil.

Le Corail eſt ſemblable à la pierre, il eſt tout rouge. Il croiſt dans la mer en forme d'arbriſſeau par la nature de l'eau & de l'air: puis eſtant changé par l'air, il ſe putrifie, & deuient rouge, & dautant qu'il eſt incombuſtible dans le feu, il paſſe pour vne pierre.

La Calcedoine eſt vne pierre de beaucoup de couleurs claires, obſcures, & meſlées de rouge, à la façon du foye; c'eſt la plus vile de toutes les pierres.

Le Topaſe eſt vne pierre, qui reluit meſme dans les tenebres, on la trouue dans les autres roches.

L'Amethiſte eſt vne pierre dont l'éclat eſt meſlée de rouge & de blond.

Le Chryſopaſe eſt vne pierre de couleur de feu la nuit, & le iour elle paroiſt eſtre d'or.

Le Chryſtal eſt vne pierre blanche, tranſparente, reſſemblant à de l'eau gelée, elle eſt ſublimée, extraite, ou lauée des autres roches.

Pour concluſion & pour te dire adieu, ie te donne cette verité. Si quelqu'vn veut ſçauoir parfaitement l'origine & la nature des metaux, qu'il sçache qu'ils ne sont autre chose que la meilleure portion des pierres communes: ce sont les esprits des pierres. C'est à dire, la poix, le suif, la graisse & l'huile des pierres, laquelle n'est pas pur & sincere, pendant qu'elle est meslée & cachée dans les pierres, c'est pourquoy elle doit estre cherchée, trouuée & conuuë dans les pierres; elle en doit estre exprimée & tirée à force: pour lors ce n'est plus vne pierre, mais vn metal parfait & acheué, ressemblant aux astres, lesquels sont aussi des pierres en leur espece, differentes de ces pierres dont nous parlons.

Celuy donc qui se voudra estudier à la recherche des metaux, doit se persuader qu'ils ne se rencontrent pas seulement dans les entrailles de la terre; mais bien souuẽt il y en a de tous découuerts, meilleurs que ceux qui sont cachez: il faut prendre garde à tous les cailloux, & à toutes les pierres grandes & petites qui se presentent à nos yeux, examiner leur nature & leurs proprietez. Dautant que bien souuent vn caillou dont on ne fait aucun estat, rendra plus de profit qu'vne vache. Il n'est pas tousiours necessaire de chercher auec empressement la roche ou la matrice dont tel caillou aura esté tiré, afin d'en tirer aussi d'autres; parce que cette sorte de pierres n'ont point de roche, & qu'ils n'ont esté engendrez que du Ciel. Il se trouue *etiam* par fois de la terre, de la poussiere, du sable que l'on méprise, qui ne laissent pas d'auoir de l'or & de l'argent.

En cét endroit Paracelse enseigne clairement ce que c'est qu'Alchymie. Puis il nous conduit à la generation des metaux par les influences des aſtres qui tõbent dans le ſein de la terre: donnant aux pierres precieuſes vn degré qui approche de la perfection, non pas pour nous inciter à leur recherche dans l'eſperance d'en tirer de l'or & de l'argent; mais afin que nous rendions les metaux ſemblables à ces pierres quant à l'exterieur, ſi nous voulons extraire l'or & l'argent deſdits metaux; c'eſt à quoy tend la doctrine des Chapitres precedens, il n'a rien mis ſans deſſein. Quel rapport y a-il des pierres precieuſes auec les metaux? nul.

Et bien qu'aucune fois il y ait de l'or & de l'argent cachez dans les pierres precieuſes, dont ils en peuuent eſtre ſeparez; neantmoins il n'entend point icy que nous le faſſions, mais pour confirmer ſa doctrine precedente, il monſtre que pour tirer vtilement l'or & l'argent des metaux, il les faut pluſtoſt reduire en verres, qui reſſemblent aux pierres precieuſes, dont il en nomme pluſieurs, & enſeigne leurs vſages, non pas tant pour nous faire comprendre leur nature & leurs proprietez, qu'à l'occaſion des metaux qui leur doiuent reſſembler en couleur. Celuy qui n'entend ny ne veut croire ce que ie dy, qu'il s'addreſſe ailleurs, & cherche quelque choſe de mieux.

Pour concluſion il monſtre ce que ſont les metaux, & qu'il n'eſt pas touſiours beſoin de les tirer du profond de la terre, ſe rencontrant par fois en abondance, dans la pouſſiere, dans le ſable, & dans les pierres les plus viles & mépriſables; il dit auſſi qu'il ne faut pas ſe mettre en peine de leur roche, veu que c'eſt le Ciel qui les engendre. Par ce discours il blâme l'aueugle conuoitise des hommes, qui recherchent si auidedement les mines cachées au fond de la terre, qu'on ne peut trouuer sans danger, ny creuser sans beaucoup de despense; & qui ne connoissent pas, ou méprisent orgueilleusement ce qui est deuant leurs pieds, qui affectent les tenebres, qui dédaignent & taschent malicieusement d'éteindre les lumieres que les gens de bien leur découurent.

Ainsi donc finit ce petit traicté que Paracelse nous a laissé tout remply d'vne science cachée touchant les choses metaliques, lequel i'ay tasché d'expliquer le plus clairement qu'il m'a esté possible; & ie ne doute point qu'il n'en soit plus estimé doresnauant.

Si quelqu'vn trouue que i'ay écrit trop obscurement, qu'il consulte mes autres œuures, lesquelles s'expliquent reciproquement, & qu'il excuse l'occupation de mes affaires. Pour moy i'ay de la satisfaction d'auoir donné cette introduction au prochain, & d'estre asseuré que mes peines & mes soins ne mourront pas auec moy.

Si i'ay plus de vie & plus de loisir, ie communiqueray d'autres secrets au public, comme ie fay maintenant dans les conclusions de l'Oeuure Minerale, où i'enseigne quantité de particulieres & certaines operations, lesquelles donneront de la lumiere à mes écrits precedens, & confirmeront la doctrine touchant la transmutation des metaux; ie diray en suite comment il faut separer & repurger les metaux qui ont esté extraicts des imparfaits, ce qui couronnera mon ouurage.

La pratique de la Theorie, cy-dessus décrite.

LA precedente explication du Liure des Vexations de Paracelse, a fait voir, que la transmutation des metaux estoit indubitable, & mesme en a enseigné la methode. Mais dautant qu'il faut estre parfaitement bien versé dans les choses metaliques pour faire cette operation, i'ay peur que mon explication toute fidele & intelligible qu'elle est n'apporte pas plus d'vtilité que les écrits de Paracelse, & que les ignorans ne la tiennent au mesme rang du Liure qu'ils accusent d'impossibilité & de mensonge. I'ay donc voulu en témoignage de la verité, adiouster quelques procedez en termes clairs & faciles, afin qu'on ne s'estonne, & qu'on adiouste autant de foy aux écrits de Paracelse qu'aux miens.

Or il est impossible d'écrire auec tant de clarté que personne ne se puisse tromper, il faudroit trop de temps, & cela seroit aussi ennuyeux & aussi impertinent, que d'entretenir vn enfant qui ne sçauroit pas encore l'Alphabet de la Physique & autres subtilitez. Ie n'entreprends pas d'enseigner icy les nouices de l'Alchymie, mais les personnes de bon esprit & de beaucoup d'experience dans les operations metaliques; que celuy-là donc m'excuse, qui viendra à manquer dans la pratique des choses que ie luy monstre, qu'il ne blâme point l'obscurité de mes preceptes, mais son ignorance & stupidité; & quand mesme il n'y en auroit pas vn seul qui me peust imiter, la verité me met à couuert de reproche.

Il n'y a point de doute que ceux-là en profiteront, lesquels trauaillant auec soin & assiduité pour penetrer dans les secrets de Vulcan, ont acquis assez de lumiere pour me comprendre. Pourquoy écrirois-ie des choses dont ie n'aurois pas la connoissance ? à quoy me seruiroient mes écrits, dont ie n'ay receu, ny n'espere aucun profit, s'ils n'estoient pas vtiles au prochain ? Mes écrits ne sont pas comme les écrits postumes, dont personne ne peut asseurer la verité. L'ignorance n'est point blâmable d'interroger l'Autheur pour s'éclaircir.

Sans mentir i'eusse écrit encore plus ouuertement, si ie ne craignois de profaner vn si bel art & de le rendre trop commun : il y en a qui trouueront que ie me suis trop expliqué, & qui gronderont que des secrets si importans, soient découuerts au peuple. Mais quel moyen de contenter tout le monde ? Quoy qu'il arriue, ie seray tousiours bien-ayse d'auoir rendu vn bon office à mon prochain.

Voicy le secret de l'Art.

LOrs que tu auras imposé le ciel de saturne, & que tu l'auras fait couler en terre auec la vie, adioustes-y en poids conuenable les metaux imparfaits, à sçauoir le plomb, l'estain, le fer, le cuiure, & vn peu d'argent. Qu'ils coulent tant soit peu auec le ciel, iusqu'à ce qu'ils disparoissent auec luy, ayant perdu la nature & forme metalique,

metalique, laquelle sera reduite en terre. Ressuscite par l'esprit du ciel cette terre metalique qui est encore iointe au ciel de saturne, & qui en est enuironnée de toutes parts ; rend la corporelle, & elle receura sa premiere forme metalique : mais encore qu'elle soit deuenuë meilleure, qu'elle meure & qu'elle ressuscite trois & quatre fois, afin que la melioration en soit plus grande, & qu'il en prouienne plus d'or & d'argent dans la separation. Pour cette operation il n'est besoin d'auoir ny pot, ny thuile, ny coupelle, creuset, test, cuculbite, ny eau forte, autres vaisseaux ou instrumens qui seruent aux autres operations metaliques ; mais seulement vn creuset, vn fourneau, vn feu depuis le commencement iusqu'à la fin, ce qui s'acheue parfaitement en l'espace de fort peu de temps. Et pour parler plus ouuertement, dans ce procedé la sphere de saturne, c'est le regule d'antimoine; la vie, le sel blanchissant, tenant son operation & son mouuement du feu: la terre, c'est le creuset. Voila le trauail tout entier, lequel i'ay experimenté plus de cent fois en petite quantité. Que sur tout on s'estudie à bien connoistre le feu, son origine, sa nature, & ses forces, & le reste sera assez aisé à comprendre. Car le bois, le charbon, & les autres choses combustibles, ne sont pas proprement le feu, elles en sont commo le domicile, dans lequel il se rend visible & perceptible, estant de soy occultement dispersé parmy l'air. Pareillement l'homme n'est pas la vie ny l'ame, mais le receptable dans lequel habite l'ame ou la vie qui luy ont esté infuses d'enhaut.

Et quand l'ame a quitté le corps, l'homme n'est plus homme; mais seulement vn cadavre.

Ainsi l'or estant priué d'ame, cesse d'estre de l'or, il n'est plus qu'vn mineral volatil & sans bonne couleur; d'où il est manifeste que la bonté des metaux vient de leur ame, & non pas de leur corps. C'est pourquoy on adiouste de l'argent aux metaux imparfaits, afin que cét argent reçoiue & ramasse l'ame des metaux, laquelle estoit estenduë par tout leur corps, & qu'elle la rende corporelle, visible, & perceptible: Et qu'ainsi par le meslange de ces ames, il s'en forme de bon or. Personne toutefois ne doit s'imaginer que tout le corps des metaux imparfaits se puisse conuertir en or; cela ne se fait iamais. Il est vray que leur partie la plus pure, qui est l'ame, & la quinte-essence, estant separée de la plus impure, qui est terrestre & soulfreuse, s'incorpore auec la Lune, laquelle estant exaltée & animée, se conuertit en or.

Quelqu'vn me demandera de la sorte: si on n'adiouste point d'argent au meslange metalique, n'en sortira-il point d'or? ie réponds, qu'il en sortira de l'or, mais en plus petite quantité, que si on y auoit mis de l'argent. La raison est que l'ame de l'or, qui se trouue dans les corps imparfaits est si tendre & si deliée, qu'elle ne peut pas de ses propres forces se dégager de tant d'impuretez dont elle est enuironnée, & se former vn nouueau corps: de maniere qu'il est expedient & necessaire, de luy presenter vn corps, dans lequel elle se ramasse & se retire: à quoy la Lune est tres-propre, laquelle est vnie radicalement auec les metaux impurs, & meslée auec eux par l'agitation d'vn feu viuifique qui la fait monter & descendre, rencontrant dans cette circulation les plus pures parties des metaux imparfaits, qui luy adherent, se meslent auec elle, se font corporelles, apres auoir laissé leur corps corruptible, & la separation du pur & de l'impur ayant esté faite.

I'ay donc à present enseigné clairement la maniere de tirer l'or & l'argent de tous les metaux ensemble, ou de chacun d'eux, auec ou mesme sans addition de Lune. Si tu le comprens ie t'en felicite; sinon, tu n'as pas suiet de te plaindre que ie ne t'aye pas ingenument communiqué la verité toute nuë.

Autre maniere de separer l'or & l'argent des metaux imparfaits, par le moyen de Saturne.

PRemierement fay bien couler le plomb dans le creuset : adiouftes-y l'estain, le fer, & le cuiure en poids conuenable, qu'ils soient fondus ensemble. Soudain l'estain & le fer corrompent le plomb, lequel est reduit en scories semblables à de la terre iaune, & ces scories estant reduites rendẽt leur plomb & leur cuiure: quant à l'estain & au fer, ils demeurent en forme de scories noires, lesquelles il faut garder. Fay derechef fondre parfaitement ce plomb meslé auec le cuiure, adioustes-y encore de l'estain & du fer, pour en faire des scories, lesquelles il faut par apres reduire incontinent. Reïtere ce trauail de scorification & de reduction, iusqu'à ce que de 100. liures de plomb, à peine en reste-il vne ou deux liures, laue-les, & tu trouueras l'or & l'argent en partie, lesquels les metaux auront donnez dans cette operation. Quant aux scories qui ne pouuoient pas estre reduites, fay-les bien cuire dans vn fourneau particulier, fixe-les, & dans la reduction elles donneront l'or & l'argent. Laue le saturne, afin que l'or & l'argent qui estoient resté dans les scories, en puisse estre tiré pour nous seruir.

Ce trauail, que ie n'ay iamais pû experimenter dans vne grande quantité, reüssira selon mon opinion, mesme en grande quantité. Chacun peut en faire l'essay, & calculer exactement combien il en peut prouenir de profit tous les ans.

Les metaux imparfaits peuuent aussi estre lauez & fixez par la voye particuliere des sels non corrosifs, & personne ne doit douter que par ce moyen ils ne rendent beaucoup d'or & d'argent. Et dautant que i'en ay souuent fait mention dans mes écrits, il seroit ennuyeux de le repeter icy. Par cette façon de lauer qui ressemble à celle des femmes Blanchisseuses, on pourra peut-estre vn iour auancer les metaux iusqu'à vne perfection au dessus de l'or. Les Blanchisseuses s'y prennent de diuerse maniere, & les plus adroites sont celles qui rendent leur linge le plus blanc. Quelques-vnes le nettoyent auec de la lessiue, mais ce trauail est grossier, & n'oste pas bien les saletez. D'autres le sauonnent, &

& ayant osté les ordures, ostent la lessiue auec de l'eau bien nette, puis exposent le linge au Soleil, lequel par sa chaleur le seiche, luy oste toute l'odeur du sauon & de la lessiue, & le blanchit dauantage. Que si la lessiue ou le sauon viennent à receuoir des saletez, elles le répandent, & en nettoyent les restes auec de l'eau claire, & ce par tant de fois, que les immondices soient ostées, & le linge deuienne parfaitement blanc.

Ie n'ay pas allegué en vain cét exemple des Lauandieres, pour enseigner ceux qui ne sçauent pas lauer & nettoyer les metaux. Car il est impossible de lauer vn metal impur, auec la premiere eauë, mais il en faut verser de nouuelle iusqu'à tant que toutes les impuretez estant ostées, l'eau paroisse claire comme quand on l'a versée. Le trauail aussi de l'inceration y est fort vtile, si vous employez l'inceration, c'est à dire si le metal estant bien nettoyé est souuent imbibé d'eau nouuelle ; puis estant seiché il acquiert vne plus grande pureté qu'il n'eut fait auec la seule eau de sauon. Que si quelqu'vn sçauoit encore vne eau meilleure que celle-là, il n'y a point de doute que les metaux en deuiendroient plus excellens que l'or. De mesme que l'on croit que le linge peut estre tellement preparé par l'industrie, qu'il surpasse en finesse les étoffes de soye blanche: ainsi l'or par vn art inconnu à beaucoup de gens pourroit estre éleué à vn souuerain degré de pureté.

Que personne ne s'estonne de la comparaison que i'ay faite de cette separation au lauage des Blanchisseuses ; les Philosophes mesmes ont appellé leur ouurage vniuersel , l'ouurage des femmes, & le ioüet des enfans. Ie suis fort asseuré que si i'auois imité les Sophistes par vn long discours remply de mensonges, le monde qui aime à estre trompé m'en auroit fort remercié. Mais pour moy , quoy qu'il arriue ie croy en conscience auoir satisfait à Dieu & aux hommes.

Les metaux peuuent aussi apres auoir esté calcinez, estre purgez & lauez par le verre de plomb fait auec l'addition de cailloux, en telle sorte qu'ils donnent beaucoup d'or , dequoy i'ay écrit cy-dessus. Mais il y faut beaucoup de plomb dans lequel le metal s'estende amplement, car sans cela il ne quitte point ses feces, & ses parties les plus pures ne se peuuent pas concentrer en vn corps. I'employe les cailloux, afin que receuât en eux les feces des metaux immondes, ils fassent la separation du pur & de l'impur. De la mesme sorte que pour épurer le miel, le sucre & autres choses auec de l'eau , nous y mélons le blanc d'œuf, pource qu'il attire la viscosité du suc, & qu'il le clarifie. Pareillement icy les cailloux font le mesme effet. Le Saturne tient la place de l'eau, par lequel le fer, le cuiure, l'estain, sont dissouts. Ce trauail est tres-agreable & fort prompt , extremement lucratif, si les creusets estant percez par le lithargire pouuoient garder la mixtion , & ne laissoient pas si tost échapper. Que si quelqu'vn estoit assez heureux pour trouuer des vaisseaux qui gardassent le verre de plomb l'espace de dix ou douze heures, il ne faudroit pas qu'il ſe mit en peine de chercher d'autre moyen pour s'enrichir. Pour moy ie n'ay iamais eu ce bon-heur, quoy que ie l'aye recherché durant longues années. Vne ſeule liure de fer, de cuiure, ou d'eſtain, rend par fois vn demy loton d'or, & meſme vn tout entier, ſi l'operation eſt bien conduite; que ſi vous y adiouſtez du ſel fixe de Tartre, ou meſme des cendres clauelées, elle en rend dauantage; mais auſſi les creuſets en ſont pluſtoſt percez, ce qui eſt faſcheux. Ie m'aſſeure qu'il s'en trouuera quelqu'vn qui reüſſira dans ce trauail tant aux creuſets qu'aux grands foyers, & qu'il en rendra graces à Dieu & à moy.

Autrefois i'ay tant eſtimé ce trauail que ie ne l'euſſe communiqué à perſonne, quelque grande recompenſe qu'il m'en eut offerte; mais n'ayant pû paſſer plus outre, ie le communique gratuitement, afin que chacun éprouue ſa deſtinée. Dieu ne donne pas tout à vn, il en vſe à ſa volonté.

Les metaux imparfaits ſont purgez de leur ſoulfre nuiſible & combuſtible par le feu ſoudain du nitre, dont nous auons parlé cy-deuant en traictant du Mercure, & c'eſt la plus prompte melioration des metaux, qui ſe fait preſque en vn moment. Sur tout s'ils ſont reduits en ſel ſoluble ſans employer le ſel corroſif. A cela ſont tres-propres Mars & Venus, donnant vn vitriol philoſophique, lequel peut tres-commodement eſtre purifié en perfection. Il y a vn grand ſecret caché ſous la fable des Poëtes touchant Venus & ſon fils Cupidon: quel eſt ce

Cupidon, ne seroit-ce point l'or?

Ie pourrois bien encore déduire d'autres fort bons moyens d'extraire l'or & l'argent des metaux imparfaits; mais en ayant assez dit dans l'explication des sept Regles, ie me contenteray de cela; outre que celuy qui ne le comprendra pas, ne profiteroit pas d'vn plus long discours, il suffit à chacun de connoistre les fondemẽs de son art pour l'executer. I'adiousteray neantmoins en forme de supplement vn ouurage tres-agreable, qui est vne Parabole où sont contenus tous les fondemens de l'Alchymie, la radicale solution des metaux, la conionction, distilation, sublimation, ascension, descension, cohobution, cimentation, calcination, inceration, fixation, auec quoy ie finiray la transmutation metalique.

Il y auoit vn homme, ♄, lequel auoit deux enfans, le Bismuth, & ♃, le plus ieune, ♃, disoit à son pere, ♄, donne-moy ma portion. Les Philosophes & anciens Metaliques, ont tousiours crû que le Bismuth, & ♃ estoient le plomb, ils ont appellé ♃, le plomb blanc, & le bismuth, le plomb noir, comme il se rend rebelle & desobeissant, c'est à dire, lors qu'il monte, son pere luy donne sa portion, auec laquelle il s'en va en pays estrange. Remarquez bien que ♃ & le bismuth sentant le feu, ♃ est separé de ♄, & du Bismuth, en montant il emporte auec soy quelque chose de ♄, & deuient en scorie rebelle, ce qui est s'en aller en pays estranger. Il entre en vne hostellerie, dans laquelle estoit ♂ hoste, & ♀ hostesse, tenant dans vn tableau pendu, ♁

le ſigne du monde, leſquels apres l'auoir accueilly le dépoüilloient de tous ſes biens paternels, voila la ſolution ; il y eut grande cherté de viures, c'eſt la ſeicheresſe ; de ſorte que les hommes en eſtoient tous defigurez par la famine, c'eſt la corruption : pour ſe defendre de cette famine, il fut contraint de garder les pourceaux, c'eſt à dire, demeurer auec le nitre fetide. Et contraint de viure des gouſſes, c'eſt à dire de tartre. Voila l'inceration, l'imbibition, dont il fut humilié, voila la digeſtion, la circulation, ablution, edulcoration, purification. Il reuient chez ſon pere, c'eſt l'incorporation. Lequel le reçoit auec ioye, voila l'entrée, comme vn enfant perdu, voila de quelque choſe rien, & de rien quelque choſe. Il luy donne vne robe neuue, c'eſt l'argent, il luy met au doigt vn anneau d'or, c'eſt l'argent doré. En ſuite il demeure conſtant chez ſon pere, & deuient bon œconome, c'eſt à dire metal fixé.

Que perſonne ne me blâme d'auoir comparé la tranſmutation des metaux, & particulierement l'eſtain à la parabole de l'Enfant prodigue, ie l'ay fait pour donner plus de lumiere ; au reſte ie n'ay iamais remarqué en aucun trauail tant de changement qu'en celuy-cy. Car en premier lieu dans la ſolution il paroiſt vne noirceur, qui dure ſon temps, en ſuite vient la queuë du Paon, la verdeur, & enfin la blancheur : Or ne ſçay-ie pas ſi la rougeur ſuccederoit à la blancheur en cas qu'on la retint plus long-temps dans la digeſtion ; veu que ie ne ſuis iamais paruenu au de là de la blancheur. Ce trauail eſt tres-agreable, il réioüit l'esprit de celuy qui le fait, il n'est ny de grande despense, ny de grande difficulté, pourueu qu'en rencontre le poids, & de bons vaisseaux. Il ouure le chemin à des choses plus hautes. Heureux celuy qui vient à bout, il ne pourra iamais contenter sa curiosité dans les recherches des secrets naturels.

Il est à remarquer que chaque metal se peut lauer separément auec le plomb & auec les sels; afin qu'estant exalté dans la separation, il donne l'or & l'argent, il passe dans toutes les couleurs; mais non pas si commodément, que si tous estoient ioints ensemble. Ils agissent l'vn sur l'autre reciproquement & spirituellement, ils se changent, & se perfectionnent.

Apres auoir suffisamment enseigné comment l'or & l'argent se peuuent extraire des metaux imparfaits, il faut aussi monstrer de quelle façon on les peut separer les vns des autres, afin de les auoir chacun en particulier. Ce qui se fait en cette sorte: si la mixtion contient plus d'or que d'argent, elle est tres-commodement fonduë par l'antimoine, elle est precipitée en regule auec le fer, elle est lauée & purifiée auec le nitre. Vous pourrez trouuer cette operation dans les écrits precedens. Que personne ne soit fasché si le nitre derobe & attire à soy quelque chose de l'or & de l'argent dans la separation ou purification; il ne faut pas croire que ce soit peine perduë; mais il se faut ressouuenir des paroles de Paracelse. La perte, ou la corruption rend le bien parfait. Gardez bien les scories nitreuses, dont les regules ont esté épurez, fixes-les, puis les reduisez par vne forte fleur, & lors vous receurez vn enfant beaucoup plus beau qu'il n'estoit auparauant, & loin de perdre vous gaignerez beaucoup. Ce seroit icy le lieu de parler d'vn trauail fort vtile, mais c'est assez pour les sages, les stupides n'en profiteroient pas. Que si la mixtion contient plus d'argent, qu'elle soit premierement iettée en grenaille, qu'elle soit precipitée auec ou sans l'antimoine seul, auec le plomb & auec les sels, separant l'or de l'argent, en regules; puis qu'elle soit lauée auec du nitre ou auec du plomb, & qu'elle soit purifiée par vn trauail diligent. Si la precipitation se fait auec le plomb, il faut employer la teste morte, laquelle auance & perfectionne l'ouurage euidemment.

Il faut bien obseruer, que si les regules sortent de couleur de cuiure ou pâles des metaux meuris ou fixez, il n'est point besoin du bain, *abtreiben*, il suffit qu'estant en grenaille ils soient precipitez auec les sels, & la teste morte. Alors tout l'or & tout l'argent, sortiront en regules particulieres, le cuiure & le plomb s'en vont en scories, lesquelles il faut reduire dans des fourneaux aigus, *sticheofen*, & les appliquer à d'autres vsages selon les preceptes de l'art.

Ie croy qu'il seroit inutile d'en dire dauantage touchant l'extraction, le bain & la separation des metaux, en ayant traité çà & là dans mes Liures.

Il ne seroit pas hors de propos, de declarer en quelle maniere il faut fondre les metaux, afin qu'ils en deuiennent meilleurs, & comment il faut aider auec des ciments particuliers, les mines rudes, & qui ne sont pas fort fecondes. Car les mines abondent en soulfre qui ruine, par lequel le metal s'en va en scories dans la fonte, & ne donne pas assez de profit pour compenser les frais qui sont necessaires. Ce soulfre, principalement dans les mines de cuiure & de plomb, peut estre renuersé & changé par vn ciment particulier, ou par vn feu de degré, tellement qu'apres dans la fonte, non seulement il ne consumera pas le metal, & ne le changera pas en scories; mais encore l'exaltera, afin que dans la separation il rende l'or, ce qui n'arriueroit pas dans cette cuisson. Personne ne recherche curieusement comment il faut aider au metal deuant ou mesme dans la fonte, vn feu grossier ne le peut pas purifier, c'est pourquoy le plus souuent la meilleure partie demeure inutile dans les scories. Vn Chymiste experimenté peut vtilement tirer, taut dans la fonte, qu'auec des menstrues propres, tirer l'or & l'argent que les scories auoient absorbé. Laquelle operation i'ay indiquée lors que i'ay parlé de l'extraction des cailloux, & i'en discourray plus amplement, lors que ie traicteray du bon-heur, & des tresors cachez d'Allemagne; ce que le lecteur doit attendre patiemment.

Les Metalistes auroient vn autre auantage, s'ils connoissoient la maniere de separer l'argent, & d'en oster l'or par la precipitation, afin qu'il ne soit pas indignement consumé auec l'argent par les artisans. I'espere qu'vn iour il y en aura qui mettront sous l'enclume les scories qu'ils auoient reiettées, pour en extraire l'or & l'argent. Dieu a tout fait pour le mieux, & ce n'est pas sans raison, qu'il nous a si long-temps celé ces connoissances. Et dautant que depuis plusieurs siecles des hommes pieux ont predit qu'auant la fin du monde tous les mysteres seront découuerts, ce temps s'approchant, il n'est pas de merueille que Dieu & la Nature ayent commencé leurs reuelations, veu que tous les arts & toutes les sciences s'accroissent tellement de iour en iour, que si nos deuanciers voyoient nos operations, ils estimeroient les leurs des ieux d'enfant. Si le monde dure encore long-temps, les metaux seront beaucoup plus vtilement & promptement fondus, lauez & separez, à quoy ie tascheray de contribuër par mes soins & par mes conseils que ie suis prest à donner à ceux qui me les demanderont. Mais comme on paye ordinairement d'ingratitude les offres de seruice, cela me pourroit bien arriuer, car il y a des gens orgueilleux qui ne veulent pas apprendre, de honte qu'ils ont de faire voir leur ignorance. De mesme que si la disette estoit extreme en vn pays, & qu'il y eut vne grande abondance en vn autre, qui seroit separée par vne vaste solitude, dont le chemin seroit difficile à trouuer. Si quelqu'vn en ayant vne parfaite connoissance s'offroit de seruir de guide pour quelque petite portion de bled, ne seroit-ce pas vne grande stupidité de le refuser, & d'aimer mieux chercher le chemin soy-mesme auec beaucoup de peine & risque de la vie? qui auroit compassion d'vn homme qui se seroit attiré ce malheur qu'il pouuoit éuiter à peu de frais? ainsi ceux-là sont indignes de pitié, lesquels sont tant de despense pour des choses incertaines, employent tant de temps & tant de soins pour acquerir des connoissances qui sont au dessus de leur capacité, méprisant les maistres, & croyant qu'il y a de la honte d'estre enseignez. Sans mentir ils doiuent estre comparez à ce Villageois, lequel voulant prendre vn Ecurieu, disoit qu'il auoit les iambes longues, & voulant sauter d'arbre en arbre comme cét animal, il tomba & se rompit les iambes qui n'estoient propres à cela. Pareillement il y en a qui disent, qu'est-ce qui m'empeschera de trouuer cette maniere de separer, pourquoy mandieray-ie le secours des autres? la nature & la fortune me seront aussi fauorables. Ces gens-là ne pesent pas les paroles de sainct Paul: ce n'est de celuy qui veut, ny de celuy qui court, mais de Dieu seul qui fait misericorde. Les Philosophes Payens ont connu cette verité quand ils ont dit, qu'il n'arriue pas à tout homme d'entrer dans Corinthe. En quoy ils nous enseignent que pour paruenir aux choses éleuées, le soin & la recherche sont quelquefois inutiles. Dieu seul sçait les succez heureux qui arriuent aux hommes, lesquels sont aussi differens entr'eux que les brutes. Tous les animaux peuuent marcher, & nager, mais l'vn court & nage mieux que l'autre. On voit le mesme dans les enfans, lesquels quoy qu'ils ayent vne mesme éducation, sont neantmoins fort differens en doctrine, parce que leur genie est different. Tous les dons, dit l'Apostre, descendent d'enhaut. Les Philosophes rapportent cela aux influences des astres. Le S. Esprit est le veritable Docteur qui a accouſtumé de nous reueler les ſecrets ſi nous l'en prions comme il faut. D'où eſt-ce que Paracelſe auoit puiſé ces grandes lumieres qu'il auoit dans la Philoſophie, dans l'Alchymie, & dans la Medecine? Sans doute c'eſtoit du Pere des lumieres & des veritez, lequel tous les iours nous fait voir ſa toute-puiſſance par de ſemblables largeſſes. Ceux-là ſont donc priuez de raiſon qui diſent qu'il ne ſe peut rien adiouſter à la perfection que nous auons, comme ſi Dieu auoit les mains fermées pour fauoriſer le ſentiment de ces eſtourdis. Si nous connoiſſions bien Dieu, la nature ne nous ſeroit pas inconnuë. Mais pource que l'homme par vne infirmité naturelle aime les tenebres, il ne faut s'eſtonner s'il ne marche qu'à taſtons, & s'il s'égare du bon chemin. Il y a beaucoup de ſecrets qui ſeront vn iour reuelez. Et il ne faut pas croire que Dieu ſouffre plus long-temps l'abomination qui eſt dans le monde. Le iour eſt paſſé, & la nuit s'approche, laquelle doit commencer le chaſtiment des impies. Heureux ceux-là qui ſe font des amis de l'iniuſte richeſſe, & qui ſuiuent la volonté de Dieu en découurant les merueilles de la nature, à ſa gloire. Malheur à ceux qui font leur Dieu des richeſſes, & qui taſchent de ſupprimer la gloire de Dieu & les merueilles de la nature. Icy ie finis cét Appendix de l'œuure Minerale que i'ay miſe au iour pour le bien du prochain & pour la gloire de Dieu.

FIN.

www.ingramcontent.com/pod-product-compliance
Ingram Content Group UK Ltd.
Pitfield, Milton Keynes, MK11 3LW, UK
UKHW020353230726
13925UKWH00003B/1100